Sophie Strodtbeck | Bernd Schröder

Der alternde HUND

Verhalten – Medizin – Biologie

Müller Rüschlikon

Einbandgestaltung: R2 I Ravenstein, Verden

Titelfoto: Sophie Strodtbeck

Fotos auf der Umschlagrückseite: Sophie Strodtbeck (oben),
Annett Mirsberger - www.annettmirsberger.de (unten rechts), privat (unten links)

Die Fotos stammen von Sophie Strodtbeck, wenn nicht anders direkt am Bild vermerkt.

ISBN 978-3-275-02229-8

Postfach 103743, 70032 Stuttgart
Ein Unternehmen der Paul Pietsch Verlage GmbH & Co. KG

2. Auflage 2022

Sie finden uns im Internet unter www.mueller-rueschlikon-verlag.de

Lektorat: Claudia König
Innengestaltung: R2 I Ravenstein, Verden
Druck und Bindung: Graspo CZ, 76302 Zlin
Printed in Czech Republic

INHALT

INHALT

Hinweis: Auch wenn wir von der Richtigkeit und Wichtigkeit des Genderns zunehmend überzeugt sind, verzichten wir zu Gunsten einer besseren Lesbarkeit auf die gleichzeitige Verwendung der Sprachformen männlich, weiblich und divers (m/w/d) und verwenden bei Personenbezeichnungen und personenbezogenen Wörtern die männliche Form. Diese Begriffe schließen selbstverständlich alle Geschlechter mit ein!

Ralph
Rückert

KAPITEL 1

VORWORT

VON RALPH RÜCKERT

In seinem *Jungle Book* schrieb **Rudyard Kipling** über den Hund:

»When the Man waked up he said, 'What is Wild Dog doing here?' And the Woman said, 'His name is not Wild Dog any more, but the First Friend, because he will be our friend for always and always and always.'«

Dafür aber, dass unser »First Friend«, unser »Erster Freund« unter den Tieren mit uns durchs Leben geht, zahlen wir Hundehalter einen mitunter als sehr belastend empfundenen Preis, nämlich dass wir mit mühsam unterdrücktem Entsetzen im Zeitraffer dem Altwerden und Sterben unserer geliebten Hunde zusehen müssen und dabei jedes Mal auch an unsere eigene Sterblichkeit erinnert werden – um so eindrücklicher, je älter wir selbst werden.

Lassen wir uns auf unsere Hunde wirklich ein, können wir sehr viel von ihnen lernen: Spontaneität, Selbstbeherrschung, Gerechtigkeit, Ehrlichkeit, Authentizität, Achtsamkeit, Lebensfreude und vieles mehr. Vielleicht ist der Umgang mit der so viel kürzeren Lebensspanne unserer vierbeinigen Freunde auch nur eine weitere Lektion, die wir bewusst annehmen sollten.

Verdrängungsmechanismen, wie wir sie auf unsere eigene Sterblichkeit anwenden, funktionieren bezüglich unserer Hunde aufgrund ihrer so viel kürzeren Lebenserwartung nur sehr begrenzt. Plakativ ausgedrückt, hat jeder, der sich heute einen knuffigen und vor Energie beinahe platzenden Welpen ins Haus holt, knapp zehn Jahre später einen alten Hund, was eine größere Herausforderung sein kann als sich manche Ersthundebesitzer vorstellen können.

Als mir Sophie vor einigen Wochen die Ehre erwies, mich zu fragen, ob ich das Vorwort für ihr neues Buch mit Bernd Schröder schreiben würde, hatte ich erst Bauchweh wegen des erforderlichen Zeitaufwandes. Man kann nun mal nur ein Vorwort schreiben, wenn man das betreffende Buch auch gelesen hat, was mir angesichts meiner aktuellen Arbeitsbelastung als problematisch erschien. Ich wusste aber aus Erfahrung, dass gerade beim Lesen von Sophies Büchern aus Pflicht sehr schnell Freude wird, und so war es auch in diesem Fall. Ich bin seit über 30 Jahren Kleintierpraktiker und habe natürlich unzählige Hunde medizinisch durch ihr Leben begleitet, von der ersten Impfung bis zum traurigen Tag der Einschläferung. Trotzdem hat mich diese gelungene Mischung aus tiermedizinisch-physiologischen und zutiefst persönlichen Blickwinkeln auf den alten Hund schnell gepackt. Als ich – viel schneller als erwartet – auf der letzten Seite ankam, hatte ich trotz aller beruflichen Erfahrung das Gefühl, durchaus noch das eine oder andere dazugelernt zu haben, was sicher auch daran liegt, dass durch unglückliche Fügungen des Schicksals keiner meiner bisherigen eigenen Hunde wirklich alt geworden ist.

Dieses Buch war fällig. Es ist wichtig und sollte idealerweise zur Pflichtlektüre aller Hundehalter werden! Ich stehe als Tierarzt einerseits oft in stiller Bewunderung vor Menschen, deren Loyalität und Hingabe bei der Betreuung ihrer alten Hunde geradezu vorbildlich ist. Genau so häufig sehe ich aber auch Menschen, die diese schwierigste aller Lebensphasen bei der Anschaffung des oben schon angesprochenen knuffigen Welpen absolut nicht auf dem Schirm hatten und dann mit dem Seniorenhund

hoffnungslos überfordert sind. Auch gibt es bezüglich des alternden Hundes Fallen, in die fast jeder Hundehalter tritt, wenn man sie nicht bewusst vermeidet. Vergleichen Sie bitte selbst, mit welchem Enthusiasmus man sich einerseits daran macht, dem neuen Welpen einen guten Start ins Leben zu ermöglichen, und was man sich alles einfallen lässt, um den »Duracell-Junghund« angemessen zu bespaßen, manchmal bis hin zu unguter Überforderung, und wie leicht es einem andererseits der älter und ruhiger werdende, perfekt auf seine Menschen und Lebensumstände eingespielte Hund macht, ihn mehr und mehr nebenher laufen zu lassen, bis hin zur – ja, sagen wir es ruhig so hart – psychischen und physischen Vernachlässigung. Kurz gesagt treiben viele Hundehalter den Welpen und Junghund in die Nähe des Burnouts, während sie den alten Hund eher einem abstumpfenden und den Alterungsprozess fatalerweise beschleunigenden Boreout aussetzen, ihn also buchstäblich zu Tode langweilen. Ähnliche Probleme sehen wir Tierärzte oft in medizinischen Belangen: Wird beim jungen Hund noch wegen jedem quer sitzenden Furz panikartig der tierärztliche Notdienst aktiviert, werden beim Senior bestürzend häufig eigentlich gut behandelbare gesundheitliche Probleme nach dem bewussten oder unbewussten Motto »Lohnt sich ja doch nicht mehr!« – gern getarnt durch den Satz »Das wollen wir ihm nicht mehr zumuten!« – sträflich vernachlässigt.

Langer Rede kurzer Sinn: Ein Hund gibt uns sein Leben lang und ohne Vorbehalte alles, was er hat. Wir Menschen können und müssen aber gerade in der letzten und häufig nicht einfachen Lebensphase unseres »Ersten Freundes« beweisen, wie es um unsere Loyalität zu ihm wirklich bestellt ist. Darauf sollte man sich vorbereiten, und dabei kann uns dieses Buch von Sophie Strodtbeck und Bernd Schröder trefflich helfen.

Viel Spaß beim Lesen!

Ralph Rückert

»Vom Standpunkt der Jugend aus gesehen, ist das Leben eine unendlich lange Zukunft; vom Standpunkt des Alters aus, eine sehr kurze Vergangenheit!«

Rudyard Kipling

Andra

DIE AKTUELLEN UND UNVERGESSENEN PROTAGONISTEN

Güneş

Die Strodtbeck-Meute:

Güneş, das Dönertier und Grand Dame der Strodtbeck-Meute, eine ehemalige türkische Straßenhündin, die zwar nie gefragt wurde, ob sie hier als »Hund mit Migrationshintergrund« leben möchte, aber nach einigen Jahren doch ganz hier ankam und mich 13 Jahre begleitete. Und ich sie. Sie starb 2013 an einem rupturierten Milztumor und lebt seither in bunten Erinnerungen weiter.

Andra, die Laborbeaglehündin kam bereits im Alter von knapp vier Wochen als Notfall hier an (obwohl ich niemals einen Beagle haben wollte!) und war somit fast ihr gesamtes Leben an meiner Seite. Mit 17 Jahren zog sie wegen eines therapieresistenten Hustens in die ewigen Jagdgründe, was sicherlich ein guter Platz für einen Beagle ist.

Piccolo, die Piccozei, ein Chihuahuamix, der so klein ist, dass ich gar nicht bemerkte, dass er sich heimlich in mein Herz schlich und sich dort inzwischen seit Jahren breit macht – kaum zu glauben, wieviel Platz ein 4-kg-Zwerg einnehmen kann! Aber Platz ist genug da und ich hoffe, dass er noch lange nicht nur in meinem Herzen, sondern auch auf meinen Stühlen, in meinem Bett und auf meinem Schoß sein

Die Strodtbeck-Meute, aktuell bestehend aus Piranha, Rita-Line, Meier und Piccolo.

Unwesen treibt. Abgesehen von seinen nicht mehr funktionierenden Ohren und Augen ist er erstaunlich fit!

Meier, der Beagle zog mit einem Dreivierteljahr hier ein und lebt seit inzwischen 15 Jahren hier in enger Symbiose mit dem Kühlschrank, wenn er nicht gerade Wichtigeres zu tun hat. Bis heute erfreut er sich bester Gesundheit. Sein Alter bemerkt man nur daran, dass er wesentlich umständlicher ist als in jungen Jahren und das will was heißen! Alles andere hat er für gut befunden und bisher beibehalten. Auch einer kleinen, gepflegten Jagd wäre er bis heute nicht abgeneigt.

Piranha, das Pü ist eine Chihuahuahündin, die immer noch so unfassbar albern ist, dass es schwerfällt, sie sich in alt vorzustellen. Also darf Piranha einfach nicht alt werden und wird ab heute jährlich ihren siebten Geburtstag feiern, basta! Zumal sie der Jungbrunnen für die hier lebenden alten Herren ist.

Rita-Line, ihres Zeichens ein Beagle-Terrier-Mix und das Küken sowie gute Seele im Hause Strodtbeck. Rita ist auch schon wieder vier Jahre alt, wie ich neulich entsetzt feststellen musste, und ganz rührend in der Altenpflege engagiert – vor allem der alte Meier hat es ihr angetan. Wie es irgendwann für sie ohne ihr Idol und ihre starke Schulter werden wird, mag ich mir im Moment gar nicht vorstellen.

Das aktuelle Schröder-Rudel:

Es sind allesamt Border Collies. Nicht, dass mir andere Hunderassen nicht auch gefallen könnten, es hat sich jedoch einfach so ergeben. Die Hunde des Rudels sind zwischen 9 und 14 Jahre alt, also gemäß unserer eigenen Definition gehören sie zu den Senioren.

Luke, der (erfolglose) Eichhörnchen-Jäger ist ein Trikolor-Border, 14 Jahre, gebürtig aus Dorf Güll, Mittelhessen. Luke ist ein unglaublich treuer und verlässlicher Hund, der mit meiner Frau und mir(!) das gesamte Angebot im Hundesportverein durchlaufen ist: Welpen I, Welpen II, Junghunde, Basis, Begleithundeprüfung, Agility, Obedience, Rally Obedience bis zum Ruhestand. Ich habe mit Luke bestimmt an 40 Turnieren im Rally Obedience teilgenommen, bevor wir ihn dann aus Altersgründen nicht mehr starten ließen. Vor nicht allzu langer

Zeit hatte er leider mit einem Vestibularsyndrom zu tun, von dem er sich zum Glück wieder erholt hat.

Rasmus, der Freund der gefiederten Lebewesen und Luftraumüberwacher ist 13 Jahre alt und ein wunderhübscher braun-weißer Border Collie. Sein Fell ist genau wie seine Herkunft: Nordwolle – Delmenhorst. Er ist ein Dickkopf, manchmal wirkt er auf mich wie ein Mini-Löwe, fast unbezähmbar. Trotzdem habe ich es geschafft, mit ihm erfolgreich im Rally Obedience zu starten. Vor einiger Zeit habe ich bemerkt, dass er nicht mehr so gut hört (keine Reaktion mehr auf das Klingeln an der Haustür oder das Geräusch des Briefträgers mit dem Fahrrad). Seitdem ist er »nur noch« Rentner.

Seren, die Mäusesucherin und -buddlerin ist 10 Jahre alt und unsere einzige Hündin im Mehrhundehaushalt. Sie ist die eigentliche Chefin. Seren stammt aus Wales und hat in ihrem Stammbaum berühmte Vorfahren, die im Schafehüten etliche Erfolge vorzuweisen haben. Der Weg, der sie zu uns führte, ist kompliziert zu beschreiben und würde an dieser Stelle den Rahmen sprengen. Seren bedeutet auf walisisch »Sternchen« und das war sie von Anfang an für mich: mein Sternchen.

Bodie, der zu langsame Kaninchenverfolger ist 9 Jahre alt und stammt aus Ostfriesland. Er hat das prädestinierte Aussehen für einen echten Hütehund: Farbe, Gebäude, Statur, Verhalten. Er macht es aber ganz anders, denn das Hüten ist nicht sein Ding. Wir haben das dann auch nie von ihm verlangt. Hundesport ist ihm ebenfalls zu doof, ich habe es nach einem kurzen Versuch gelassen. Das Einzige, was er damals gut gezeigt hatte, war die Ablage. Das spielt für mich keine Rolle: Ich liebe ihn!

Catharina Cordes

Bernd Schröder mit seinen Hunden Bodie, Luke, Rasmus und Seren (von links nach rechts).

KAPITEL 2

EINLEITUNG

Es ist eine allgemein bekannte Tatsache, dass der Anteil älterer Menschen an der Gesamtbevölkerung, zumindest in den Industrieländern, immer noch ansteigt. Ähnliches können wir bei der Entwicklung des Altersprofils bei unseren Haus- und Heimtieren, inklusive der Hunde und übrigens auch Katzen, beobachten. In den USA wird geschätzt, dass geriatrische Tierpatienten (Geriatrie = Altersmedizin) in den meisten Kleintierpraxen heutzutage bereits 25 bis 40 % der Fälle ausmachen.

Die Alterung eines Hundes kann sich über die Hälfte seines Gesamtlebens erstrecken. Während ein alter Jägerspruch besagt »fünf Jahre junger Hund, fünf Jahre guter Hund, fünf Jahre alter Hund«, ist in den amerikanischen AHAA Guidelines (Creevy *et al.* 2019) das Seniorstadium als »letzte 25 % der geschätzten Lebensspanne« definiert worden. Ursächlich dafür sind vier wichtige Dinge, die in dieser Lebensphase passieren:

1. Es verringert sich in jedem Organ die Anzahl funktionierender Zellen.
2. Die noch intakten Zellen werden weniger effektiv, da sie mehr leisten müssen.
3. Immer mehr Zellmutationen können nicht repariert werden und können sich dadurch besser durchsetzen, und
4. was häufig nicht beachtet wird, dass schon in jungen Jahren erlittene traumatische oder infektiöse Vorgänge, die irgendwo abgespeichert sind, zum Beispiel im Gehirn oder Gewebe, sich immer stärker auswirken.

Es gibt also im Alterungsprozess einen ganzen Blumenstrauß voll biologischer Vorgänge, die kein Teilgebiet der Biologie und Medizin aussparen, die letztendlich zu dem klinischen Bild inklusive Verhaltensveränderungen führen, welche wir oft als Alterszipperlein und Alterserkrankungen (oft chronisch), egal ob bei uns selbst, bei Angehörigen, Freunden und Bekannten oder bei unseren Hunden wahrnehmen.

Altersstufen des Hundes in der Einteilung der American Animal Hospital Association (Creevy et al. 2019)

Altersstufen	Definition (Zeitraum)
Welpe	Laut der Definition von Creevy ist das der Zeitraum von der Geburt bis zum Ende des schnellen Wachstums (ungefähr 6 bis 9 Monate, abhängig von Rasse und Größe)
Junghund	vom Ende des schnellen Wachstums bis zum Abschluss der physischen und sozialen Reifung; dies geschieht bei den meisten Hunden im Alter von 3 bis 4 Jahren
Erwachsener Hund	vom Abschluss der physischen und sozialen Reifung bis zu den letzten 25 % der geschätzten Lebenserwartung (abhängig von Rasse und Größe)
Seniorhund	die letzten 25 % der geschätzten Lebenserwartung bis hin zum Lebensende
Lebensende	Lebensende (abhängig von der spezifischen Pathologie)

Die Altersforschung der letzten Jahrzehnte hat unseren Kenntnisstand bei Mensch und Hund enorm nach vorne gebracht. Mit diesem Buch möchten wir insbesondere die Alterungsprozesse unserer Hunde erklären und ihre praktische Bedeutung näher erläutern. Auch bei Besitzern von jüngeren Hunden kann die Kenntnis zumindest für den späteren Zeitpunkt nützlich sein, denn gefühlt steht das Altsein sprichwörtlich immer genauso plötzlich vor der Tür wie das Weihnachtsfest oder Winter oder Sommer für die Deutsche Bahn.

Als ich von meinem Koautor, der selbst zurzeit Border-Collie-Senioren im Haus hat, gefragt wurde, ob wir zusammen ein Seniorenbuch verfassen wollen, habe ich spontan gedacht: **Ein Hundeseniorenbuch? Ja, gerne, schließlich ist das ja die schönste Zeit im Hundeleben!** Die schönste, wirklich? Die Tage sind nicht mehr so unbeschwert, weil bei meinen zwei Hundesenioren immer irgendetwas ist. Die Spaziergänge sind stressig, weil Piccolo, der 17-jährige Chihuahua-Mix, nichts mehr hört und kaum mehr etwas sieht, das aber nicht einsehen will. Und weil ich verpasst habe dem Beagle Meier (inzwischen fünfzehn) zu verraten, dass er alt ist und inzwischen eine zunehmende Diskrepanz zwischen seinem Selbstbild und der Realität besteht. Die Nächte sind unruhig, weil die Hunde zunehmend alt und unruhig sind. Ich bin unruhig, weil ich müde bin und die Hunde unruhig sind. Dabei ist es kaum einen Wimpernschlag her, dass ich mich habe breitschlagen lassen, Piccolo, das Kleinstlebewesen, als Junghund hier einziehen zu lassen (er selbst hat mich damals breitgeschlagen) und dass der Beagle mit einem gefühlten halben Zoofachgeschäft im Gepäck vor der Türe stand. Hier klaffen also meine Wahrnehmung und die Realität auseinander. Dazwischen liegen viele schöne, berührende, wütende und sorgenvolle Momente, verdammt viel Leben und jede Menge gemeinsamer Erlebnisse in guten wie in schlechten Zeiten.

Dass sie alt wurden, kam spät, aber plötzlich beziehungsweise kam es vermutlich schleichend, aber bemerkt habe ich es bewusst doch dann erst plötzlich. Der Beagle fing plötzlich keine Leckerchen mehr, weil die Augen nachließen, und inzwischen hört auch er nicht mehr gut – inzwischen nicht mehr, weil er nicht mehr will und Besseres zu tun hat, sondern weil er nicht mehr kann. Zumindest manchmal ... Dazu kommt eine recht ausgiebige und teuer zu verdienende Krankenakte der letzten zwei Jahre, die diverse Tumore, eine Schilddrüsenunterfunktion, einen Morbus Cushing und Rückenprobleme beinhaltet.

Er ist aber auch ruhiger geworden, und das ist eine Tatsache, die ich bei einem beziehungsweise diesem Beagle sehr genieße. Man könnte das Leben mit ihm inzwischen beinahe entspannt nennen. Ob das aber dem Alter oder den immerwährenden Erziehungsversuchen meinerseits geschuldet ist, ist unklar. Was aber sicher

Weißer, aber nicht weiser. Man ist nur so alt, wie man sich fühlt.

Catharina Cordes

Dass Hunde immer älter werden, ist unter anderem einer besseren medizinischen Versorgung und Ernährung geschuldet.

ist: Abgesehen von einem My mehr Vernunft und Ruhe hat er sich kein bisschen verändert, er ist nach wie vor ein Meier, wie er im Buche steht. Halt, das stimmt nicht: Er ist wesentlich umständlicher geworden! Brauchte er früher circa eine Minute, um mitten in der Nacht unter meiner (!) Bettdecke die richtige Schlafposition zu finden, können es jetzt auch mal fünf Minuten sein, die der Beagle sich umständlich unter der Decke dreht, bis er irgendwann bewegungsunfähig in einem Deckenknoten eingewickelt ist und ich ohne Decke, dafür aber wieder hellwach im Bett liege. Und er schnarcht lauter, wesentlich lauter. Oder anders ausgedrückt: Das Altern äußert sich bei Meier dadurch, dass er inzwischen einfach anders anstrengend ist.

Bei Piccolo begann es mit einer akuten Erblindung unbekannter Ursache, die ihn in Stress versetzte und altern ließ. Hören tut er schon länger nichts mehr. Eine Demenz bescheinige ich ihm noch nicht, aber nächtliche Unruhe kann er schon ganz gut. Dann steht er nachts mitten im Zimmer und steppt wie ein Bär. Wenn er damit fertig ist, schläft er weiter, dann bin ich aber wach.

Plötzlich waren sie also alt und brachten die Probleme mit, die alte Hunde gerne mitbringen: das Alleinebleiben, das lebenslang kein Thema war, wurde zu einem – bei Piccolo leider sogar mit einem Inkontinenzproblem verbunden, weil er im Stress nicht mehr dicht ist. Auch das stresst mich, weil das schlechte Gewissen, wenn er doch mal alleine bleiben muss, exponentiell wächst. Beim Spaziergang, den beide körperlich noch gut absolvieren, bleibt oft wenig Aufmerksamkeit für die Jugend im Hause, weil Piccolo, wenn er mich nicht mehr sieht – was bereits bei coronakonformem Abstand der Fall ist – einfach wild in irgendeine(!) Richtung losrennt, um mich zu suchen und dabei meine Rufe nicht mehr hört, aber auch, weil gleichzeitig die Beaglenase im Gegensatz zu den anderen Sinnen noch wunderbar arbeitet und frische Wildfährten nach wie vor unwiderstehlich findet.

Mein Zuhause erinnert inzwischen an eine Turnhalle, weil überall Matten liegen, damit Piccolo sich nicht beim Sprung auf die Couch/den Stuhl/den Schoß verletzt, weil er den Abstand mal wieder falsch eingeschätzt hat. Als der Beagle vorübergehend eine Harninkontinenz wegen seiner Harnsteine und seinem Cushing zeigte, war das Ganze noch dekoriert mit Inkontinenzunterlagen. Ein Träumchen ... Hunde werden alt, und auch auf dem Papier werden sie inzwischen signifikant älter als noch vor zwei oder drei Jahrzehnten, wie alle Statistiken zeigen. Dass das verschiedene Krankheiten mit sich bringt, ist logisch. Früher sind Hunde oft einfach gestorben, bevor sie krank, tüddelig und dement geworden sind. Heute werden sie alt, sind dabei aber auch zunehmend dement.

Umso wichtiger ist es, dem alten Hund das Leben so angenehm wie möglich zu gestalten, für ihn da zu sein, wie er es all die Jahre für uns war und ihm Linderung für seine Alterszipperlein zu verschaffen, aber auch beizeiten aufs Älterwerden eingestellt zu sein und gegenzusteuern. Unsere Erfahrungen, aber auch den Stand der Wissenschaft zur Geriatrie und Gerontologie des Hundes wollen wir in diesem Buch weitergeben, um über den Umgang mit alten Hunden zu informieren. Wenn man sich in der Hundeszene umschaut, gibt es eine Menge Seminare, Bücher und Angebote für Welpen, Pubertiere und erwachsene Hunde, aber beim Seniorhund dünnt sich das ganze sehr aus. Dabei ist es so wichtig, Veränderungen und Krankheiten rechtzeitig zu erkennen, um sich und der grauen Schnauze eine bestmögliche, lange gemeinsame Zeit bei guter Lebensqualität zu ermöglichen. Mindestens genauso wichtig ist aber die Frage nach dem letzten Gang, dem Abschied, denn die Lebensqualität sollte stets Vorrang vor der Lebensquantität haben. Auch das sind wir unseren Hunden schuldig.

Und während ich das so schreibe, nimmt Kamikaze-Piccolo neben mir, der ob seiner Taubheit mein gellendes »NEEEIIIN!« nicht hört, gekonnt Anlauf, um auf einen imaginären Stuhl zu springen. Auf dem Weg ins Bodenlose (ihm musste es so vorgekommen sein), zog vermutlich sein langes Leben noch einmal an ihm vorbei. Gelandet ist er an der Wand hinter der Stelle, an der immer noch kein Stuhl steht, und unter der sich an einer der wenigen Stellen in unserem Haus keine Turnmatte befand (Memo an mich: **Isomatten kaufen**). Dem geneigten Leser sei aber an dieser Stelle verraten, dass er nach kurzem Schütteln und mit großer Entschlossenheit wieder Anlauf nahm, um wenigstens diesmal den bösen, zur Seite springenden Stuhl zu erwischen. Ein beherzter Griff meinerseits rettete ihn vor einem weiteren Absturz.

Was will man also über das Leben mit alten Hunden schreiben? Es ist ganz wundervoll. Und ganz grausam. Und oft anstrengend. Und oft alles auf einmal. Es ist ein emotionales Auf und Ab, aber es ist auch ein Geschenk. Es ist ein Geschenk, dass sie noch da sind, aber es ist auch ein Lerngeschenk bezüglich des Hier und Jetzt. Denn während ich mir Gedanken mache, wie lange sie noch so fit sein und ihren festen Platz in meinem Leben und unter meiner Bettdecke haben werden – der Platz in meinem Herzen ist ihnen für immer gewiss! – liegen die beiden inzwischen mit ihren Angebeteten vor dem Ofen und genießen die Wärme, das Zusammensein und das Leben, egal wie lange es noch dauert. Und das sollte ich wohl mit so wundervollen, in Ehren gealterten Hunden auch tun.

»Altern ist eine ungute Gewohnheit, die ein beschäftigter Hund gar nicht erst aufkommen lässt.«

frei nach André Maurois

KAPITEL 3

WANN IST MEIN HUND ALT?

Auf diese Frage gibt es keine allgemeingültige Antwort. Aus biologischer Sicht kann man zusammenfassen, dass die Alterung des Hundes schon mit seiner Geburt (oder sogar schon vorher?) beginnt. Viele Jahre schenken wir diesem Vorgang wenig Beachtung, bis einem auffällt, dass die Aktivität langsam abnimmt, die Schlafphasen sich verlängern und manchmal auch geräuschvoller sind. Nachlassende Ausgeh- und Spielfreude können sich ebenso wie ein abnehmendes Interesse an der Umwelt einschleichen.

Die (tier-)medizinische Betrachtungsweise fokussiert hauptsächlich auf äußere und innere Anzeichen wie zum Beispiel Fell, Seh- und Hörvermögen, Muskeln und Gelenke, Endokrinologie und Verdauung. Einen genauen Zeitpunkt, ab dem ein Eintritt in das Seniorenstadium bei einem Hundeindividuum vorliegt, kann diese Definition somit leider nicht geben.

Die typischen »Alterszipperlein« des Seniorhundes sind denen beim Rentner sehr ähnlich. (Neoplasie = gut- oder bösartige Neubildung von Körpergewebe, Sarkopenie = Abbau von Muskelmasse und -kraft)

Julija Murtazina/shutterstock.com (modifiziert)

Michaela Köhler

Dogge Moritz, ca. 11 Jahre, und Altdeutscher Hütehund Jamie, 10 Jahre, beides große Hunde, haben mit diesem Alter durchaus schon das Seniorenstadium erreicht.

Dazu sind die Unterschiede zwischen dem chronologischen Alter der verschiedenen Hunde und ihrem körperlichen Zustand einfach zu groß. Noch schwieriger ist die objektive Beurteilung der Mentalgesundheit beziehungsweise der kognitiven Alterung (Chapagain *et al.* 2018) und Verhaltensänderungen. Im Allgemeinen kann man aber davon ausgehen, dass ein Hund mit einer Lebenserwartung von zum Beispiel 13 Jahren im Alter zwischen 7 und 9 Jahren (wie zum Beispiel bei einem Jack Russell Terrier) alt zu werden beginnt. Später im Text werden einzelne Aspekte von wichtigen äußeren und inneren Körperfunktionen genauer erklärt und auch auf Interventionsmöglichkeiten hingewiesen.

Wissens BOX

Aging → Altern bedeutet alt werden. Dies muss unterschieden werden von:

Lifespan → Lebenserwartung

Healthspan → Zeit, die ein Mensch oder Hund gesund ist

Longevity → Langlebigkeit, Lebensdauer

Mortality → Sterblichkeitsrate

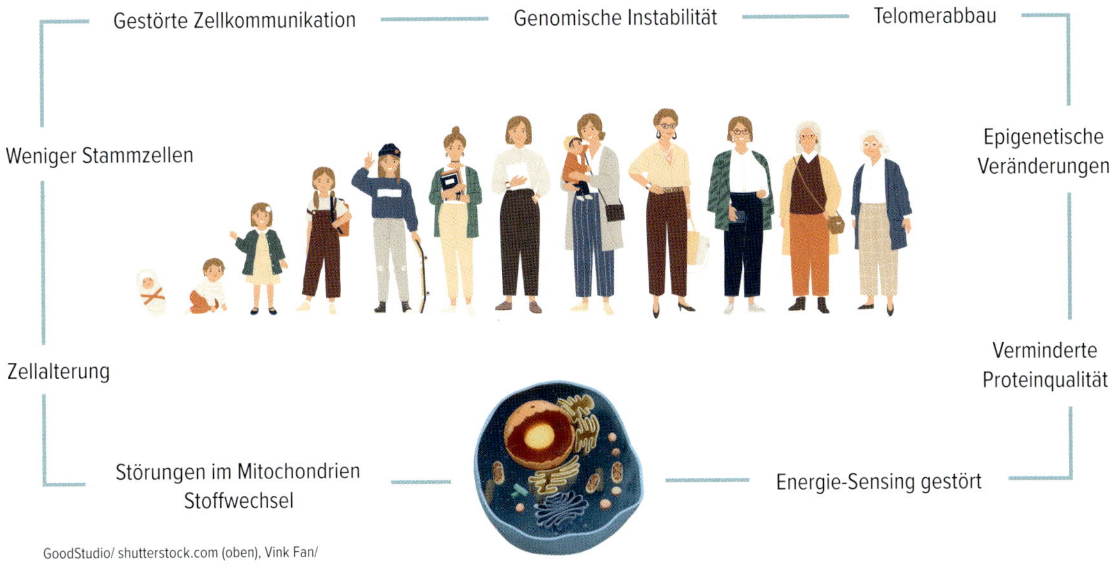

GoodStudio/ shutterstock.com (oben), Vink Fan/ shutterstock.com (unten)

Der Alterungsprozess wird durch viele (negative) Funktionsänderungen der Körperzellen verursacht. Die Schnelligkeit der Entwicklung solcher Fehlfunktionen lässt sich im Sinne Verlangsamung beeinflussen.

3.1 Warum hat die Evolution nicht auf die Unsterblichkeit gesetzt?

Ich möchte dieses Kapitel mit einer kleinen Anekdote beginnen, die aus der griechischen Mythologie überliefert ist. Thitonos war ein Sohn des trojanischen Königs Laomedon. Tithonos wurde von Eos, der Göttin der Morgenröte so geliebt, dass sie, um ihm zu gefallen, von dem widerstrebenden Zeus das ewige Leben für ihren Göttergatten erbat. Dies wurde ihr gewährt. Da sie – anders als der verärgerte Zeus – jedoch übersehen hatte, zugleich die ewige Jugend für Tithonos zu erbitten, wurde der älter und älter und schrumpfte (nach Ovid) zuletzt so zusammen, dass am Ende nur noch seine keifende schrille Stimme übrig blieb und er zur Zikade wurde. Hier sieht man den feinen Unterschied zwischen dem immerwährenden Wunsch des Menschen nach Unsterblichkeit und ewiger Jugend.

Die Lebensdauer ist leider begrenzt.

Foto: Gustavo Frazao/shutterstock.com

Aber müssen denn Organismen wie Mensch und Hund überhaupt altern? Was ist die Triebkraft dafür, dass das biologisch sinnvoll sein muss? Keiner weiß das so wirklich und das Thema wird in den Naturwissenschaften, der Philosophie, Soziologie und etlichen anderen Fächern durchaus kontrovers diskutiert. Es gibt Evolutionsbiologen, die für mich relativ

Wissens BOX

Im Wesentlichen werden zwei mögliche Konzepte zum Altern diskutiert:

Time to Die Concept: Biologische Uhr, *Hard Wired Events* im Organismus, Zelle, Genom? → Determinismus, mit der Befruchtung der Eizelle festgelegt, Epigenetik? »Da kann man nichts machen.«

Wear and Tear Concept: Einfacher Verschleiß, Abnutzung usw. über die Jahre, gewisse Flexibilität, die Umwelt spielt eine Rolle: »Der Zeitverlauf des Alterns kann beeinflusst werden.«

schlüssig argumentieren, dass die Evolution nur auf Fruchtbarkeit, aber nicht auf Alter selektiert (Pitt & Kaeberlein 2015). Die Zellen, aus denen die Organe bestehen, brauchen eine gewisse genomische Instabilität, um sich zu vermehren und Variationen hervorzubringen und auszuprobieren. Das dient der Anpassung an die Umwelt genauso wie der biologischen Diversität. Dabei passieren immer wieder auch Fehler. Die DNA, der Zellstoffwechel, Reparaturmechanismen und viele weitere Faktoren leiden über die Zeit unter dieser Belastung in ihrer Funktion (Alexander *et al.* 2018; López-Otín *et al.* 2013). Diese Kennzeichen des Alterns werden in der Abbildung auf Seite 25 aufgelistet.

3.2 Graue Schnauzen – Warum eigentlich?

Graue Fellhaare gelten als ein frühes Signal des Alterns. Manchmal beobachtet man es sogar schon bei vier Jahre alten Hunden, also lange bevor das eigentliche Altern sichtbar wird. In diesem Fall kann ein Gang zum Tierarzt sinnvoll sein. Aber wie auch bei uns Menschen gibt es beim Hund Exemplare, die bis ins hohe Alter kaum graue Haare bekommen und andere, die bereits sehr früh ergrauen. Und dann gibt es Meier, der auch mit sechzehn noch extrem farbecht ist, dafür aber meine Haare im Zeitraffer zum Ergrauen brachte.

Wenn die Uhr abläuft ...

Savotije/shutterstock.com

Doch warum ergrauen die Fellhaare eigentlich? Der Grund dafür, dass die Haare grau erscheinen, ist ein Mangel an Melanin im Fell. Es werden im Wesentlichen zwei Melanintypen unterschieden: Eumelanin (braun-schwarz) und Phaeomelanin (gelb-rot). Die Melaninproduktion in den Haarfollikeln durch Melanozyten lässt im Alter natürlicherweise nach, allerdings kann sie auch durch bestimmte genetische Dispositionen

Cavan-Images/shutterstock.com

Alter, ergrauter Hund relaxt auf seinem Schlafplatz.

(Zucht, Rasse), Erkrankungen, Stress, Fehlernährung oder Medikamente beeinträchtigt werden. Melanin wird aus der essenziellen Aminosäure L-Tyrosin als Vorstufe gebildet. Ein Tyrosinmangel kann Albinismus verursachen.

Die Haut, in der die Behaarung durch Haarfollikel gebildet wird, besteht aus mehreren Schichten (Unter-, Mittel-, Oberhaut) in Richtung Oberfläche zunehmend verhornter Zellen. An der Haarwurzel und in der Haut befinden sich neben Talgdrüsen und kleinen Blutgefäßen die pigmentbildenden Melanozyten. Im Rahmen des natürlichen Alterungsvorgangs lässt die Aktivität der Melanozyten ab einem gewissen Lebensalter nach. Sie bilden zunächst weniger Melanin und sterben schließlich ab. Im nachwachsenden Haar wird das fehlende Melanin durch Luftbläschen ersetzt. Da dieser Vorgang nicht bei allen Haaren gleichzeitig abläuft, ergibt sich eine Mischung von weißen und farbigen Haaren. Das erweckt den Eindruck einer grauen Haarfarbe, wobei es also genau genommen graues Haar nicht gibt.

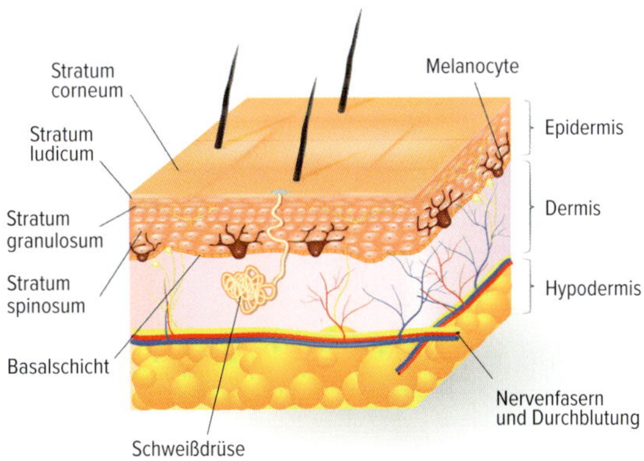

Designua/shutterstock.com (modifiziert)

Schematischer Aufbau der Haut mit Melanocyten, die Pigment-Melanin bilden, das sie dann auf andere epidermale Zellen übertragen können.

In festen Händen: Omi Nura (16 Jahre alt, Terriermischling) kam als Seniorin zum Schröder-Rudel.

Alterungsprozess. Ein Telomere am Ende der Chromosomen. Jedes Mal, wenn sich eine Zelle teilt, werden die Telomere kürzer. Wenn die Telomerlänge aufgebraucht ist, kann die Zelle sich nicht mehr teilen und stirbt ab.

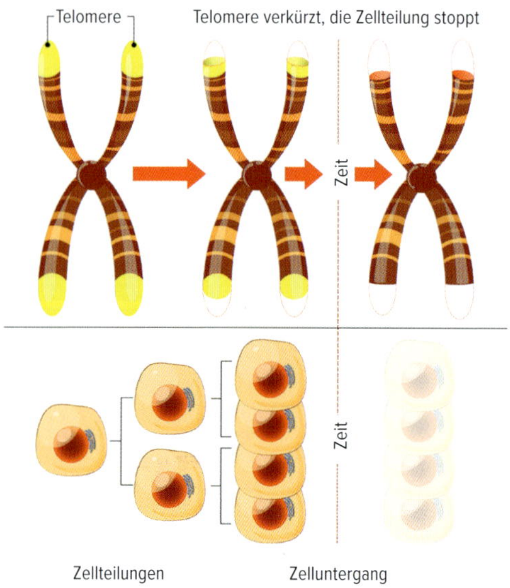

3.3 Über die Lebenserwartung von Hunden

Über die Lebenserwartung von Hunden und wovon sie abhängt wurde in der Vergangenheit und wird sicher auch aktuell sowie in der Zukunft eine Menge geforscht. Dabei wurden und werden kontinuierlich neue Erkenntnisse in Ratschläge und Richtlinien einbezogen. Solche Erkenntnisse sind für die Geriatrie und Gerontologie gleichermaßen von Interesse wie für die Futtermittelhersteller und letztendlich den Hundebesitzer.

Ganz grob zusammengefasst hängt die Lebenserwartung (Lifespan) eines Hundes, die als mittlerer Schätzwert einer größeren Gruppe angegeben wird, von drei Einflussfaktoren ab, nämlich Körpergewicht, Rasse und jeweiligem Gesundheitsstatus. Weil Körpergewicht und Körpergröße naturgemäß direkt miteinander korrelieren, wird die Lebenserwartung auch gelegentlich nur mit der Größe korreliert. Tatsächlich hat man bei vielen großen, sich spät entwickelnden Rassen das Gefühl, dass sie von der Pubertät direkt ins Seniorenstadium übergehen. Die individuelle Lebensdauer (Longevity) eines Hundes weicht ziemlich oft von der Lebenserwartung ab. Weitere Einflussfaktoren auf die Lebenserwartung wie Umwelteinflüsse oder bestimmte genetische Vorgänge, werden später noch angesprochen.

Werden kleine Hunde älter als große Hunde? Dies zu bejahen scheint beim Hund auf der Hand zu liegen, aber Hunde sind diesbezüglich durchaus bemerkenswert. Eigentlich ist es doch in der Natur normalerweise umgekehrt. Große Tiere werden älter als kleine, der Elefant z.B. im Vergleich zum Igel oder der Maus. Aber dieser Vergleich hinkt etwas, denn bei

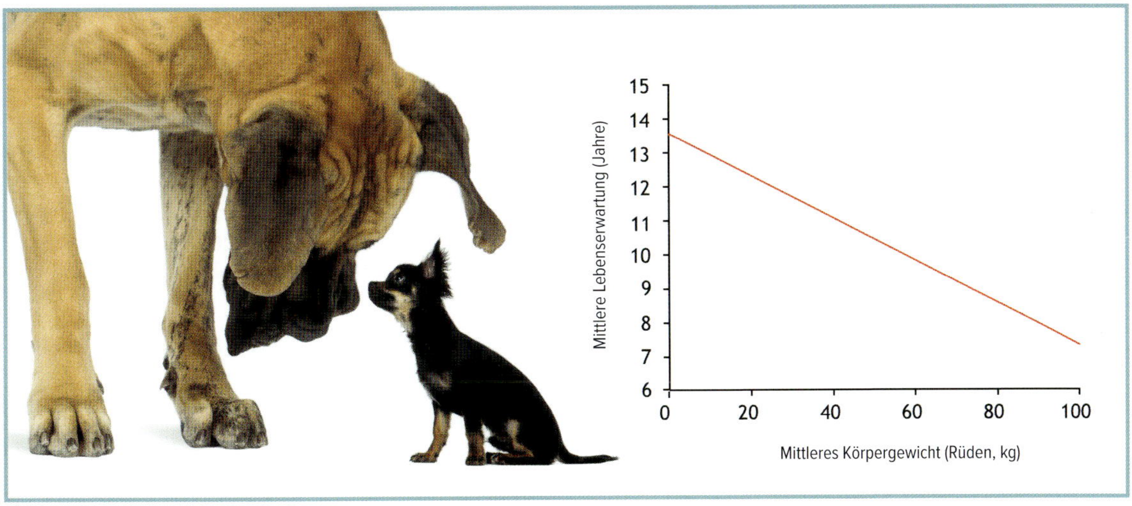

Eric Isselee/shutterstock.com

Zusammenhang Körpergewicht und Lebenserwartung.

dieser Betrachtungsweise werden verschiedene Spezies verglichen, während ansonsten Hunderassen verglichen werden, also ein Vergleich innerhalb der Spezies. Die Ursache für dieses paradoxe Phänomen ist noch nicht ganz klar, aber es wird darüber diskutiert, dass die Geschwindigkeit des Alterungsprozesses ein maßgeblicher Faktor dabei ist (Selman *et al.* 2013). In einer sehr umfangreichen Studie in England wurden die Daten von 35 Rassezuchten und Mischlingen erfasst (O'Neill *et al.* 2013). Der Median (Zentralwert) aller dokumentierten Hunde war 12,0 Jahre (IQR 8,9-14,2).

3.4 Wie alt ist mein Hund in Menschenjahren?

Seit den 1950ern war es die anerkannte Faustformel, bei der Frage »Wie alt ist mein Hund in Menschenjahren?« für ein Menschenjahr sieben Hundejahre zu berechnen (1 MJ = 7 HJ). Aber irgendwie hat man schon länger gesehen, dass diese Annahme nur grob zutrifft, zum Beispiel ein Hund mit zehn Jahren mit einem 70-jährigem Menschen vergleichbar sein könnte. Genauso wenig passt diese Berechnung am Beginn des Hundelebens, denn dann würden Hunde umgerechnet zum Teil erst mit zwei bis drei Jahren in die Pubertät kommen und das geht an der Wirklichkeit vorbei. Gibt es denn Alternativen für diese Berechnung? Ja, die gibt es. Die American Veterinary Medical Association (AVMA) empfiehlt seit einiger Zeit: Das erste Jahr eines mittelschweren Hundes entspricht 15 Menschenjahren, das zweite Jahr dann neun Menschenjahren und die folgenden Hundejahre werden jeweils mit fünf Menschenjahren berechnet. Wer nachrechnet, kommt bei dieser Betrachtungsweise bei einem fünfjährigen Hund auf ein Äquivalent von 39 Menschenjahren und entsprechend bei einem zehnjährigen Hund auf 64 Menschenjahre. Und der bereits erwähnte 17-jährige Piccolo hätte ein stolzes Alter von 99 Jahren. Ich bin mir aber sicher, dass der Schauspieler Johannes »Jopi« Heesters mit 99 Jahren weitaus weniger elegant an imaginären Stühlen vorbeigeflogen wäre.

Der Unterschied der Ergebnisse zu denen, die man mit der historischen Faustformel erhält, ergibt sich daraus, dass die AVMA-Empfehlung die unterschiedlichen Lebenserwartungen von großen und kleinen Hunden einberechnet.

Es bleibt trotzdem im Hinterkopf zu bewahren, dass auch diese wieder nur eine Faustformel darstellt, die Schätzwerte mit relativ großen Streuungen hervorbringt. Moderne Techniken der Genomforschung, die auch in der Altersforschung etabliert sind, sitzen allerdings nicht nur in den Startlöchern, sondern sind längst losgelaufen. Vor einigen Jahren wurde eine Art innere Uhr des Alterns entdeckt, die sogenannte epigenetische Uhr. Sie basiert auf Mechanismen der Epigenetik – chemischen und strukturellen Veränderungen am Erbgut, die nicht die Abfolge der DNA-Bausteine beeinflussen, sondern bestimmen, wie die Gene abgelesen werden. Auch diese Markierungen werden weitergegeben, wenn sich Zellen teilen. Altern die Zellen, verändert sich dieses Genregulationsmuster, und das erstaunlich regelmäßig, sodass es als biologische Uhr genutzt werden kann. Diese epigenetische Uhr wurde auch bei Hunden (Labrador Retriever) unterschiedlichen Alters untersucht und mit entsprechenden Daten vom Menschen verglichen (Wang et al. 2020). Über eine entsprechende Software wurde eine Funktion berechnet, die eine natürliche logarithmische Korrelation zwischen humaner und caniner Methylierung darstellt:

Menschenjahre = 16 * ln (Hundejahren) + 31.

Die Grafik zu dieser Funktion im Vergleich zur alten Faustformel ist in der folgenden Abbildung dargestellt. Wir machen dasselbe Rechenbeispiel wie zuvor. Der Hund muss aber mindestens ein Jahr alt sein, sonst kann man die Formel aus rechnerischen Gründen nicht anwenden. Also nehmen wir wieder an, der Hund sei fünf Jahre alt, dann entspräche dieses nun 57 Menschenjahren. Im Falle eines zehn Jahre alten Hundes ergeben sich 68 Menschenjahre.

Hat man jetzt den sprichwörtlichen Stein der Weisen gefunden? Hat man jetzt das wahre Alter des Hundes im Vergleich zum Menschen

Zusammenhang Hundejahre und Menschenjahre.

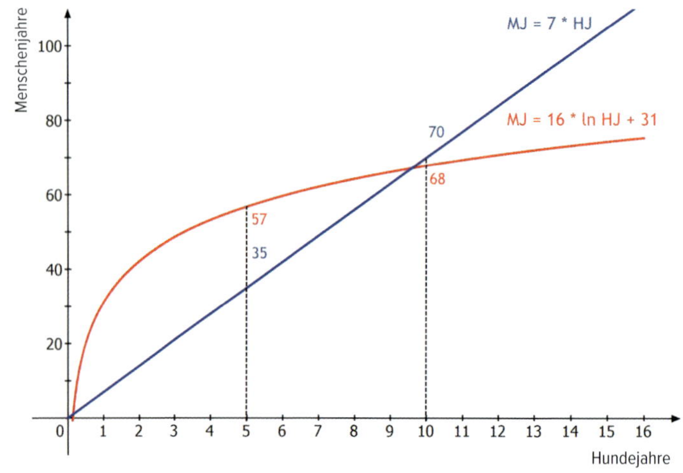

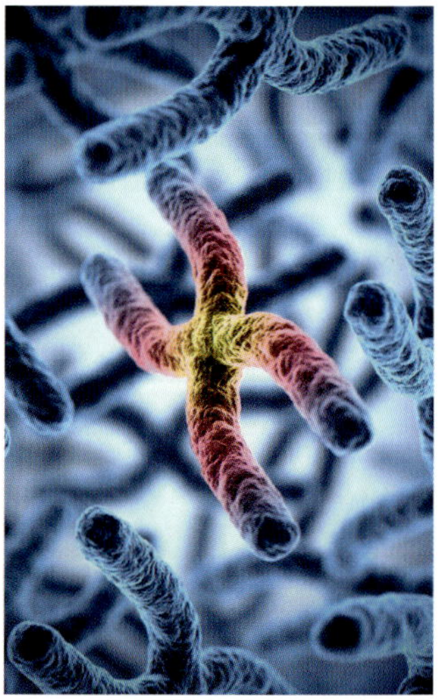

koya379/shutterstock.com

ermittelt? Es wäre noch zu früh, das anzunehmen. Bislang wurde nur eine Rasse untersucht. Es gibt doch, wie schon besprochen, erhebliche Unterschiede im Alterungsverlauf zwischen den Rassen und innerhalb der Rassen. Eine der Ursachen für diese großen Streuungen liegt darin begründet, dass je nachdem welches Merkmal des Alterns man bei welchem Tier im Laufe des Lebens betrachtet (zum Beispiel Herz-Kreislauf oder Gehirnleistung) sich ein anderer Kurvenverlauf darstellen kann. Prinzipiell werden drei Grundtypen unterschieden – die lineare Beziehung, eine Beziehung, die bis zu einem Maximum ansteigt und dann wieder abfällt, sowie eine Beziehung, die über viele Jahre sehr stabil ist, sich aber im letzten Lebensviertel sehr stark verändern kann (Harvey 2021). Mit der Antwort auf die Frage »Wie alt ist mein Hund?« sollte man also sehr vorsichtig umgehen, das bedeutet keine vorschnellen Schlüsse aus den Ergebnissen zu ziehen. Aber ein guter Ansatz ist die Idee der epigenetischen Uhr als Untersuchungsmethode allemal. Und am Ende gilt auch für Hunde, dass sie nur so alt sind, wie sie sich fühlen.

Wissens BOX

Eine moderne Formel, die eine einigermaßen gute Umrechnung der Hundejahre in Menschenjahre erlaubt, ist:

Menschenjahre =
16 * ln (Hundejahren) + 31

Der Term »ln« in dieser Formel bedeutet »natürlicher Logarithmus«.

3.5 Mit welchen Alterszipperlein ist zu rechnen?

Das Altern des Körpers ist ein normaler Vorgang, der zum Leben dazugehört und leider unvermeidbar ist. Die Körpersysteme fangen an, nicht mehr fehlerfrei zu arbeiten und das bringt viele Alterszipperlein mit sich. Wie schnell oder wie langsam das Altern des Körpers fortschreitet, ist von Hund zu Hund verschieden und lässt sich zum Teil durch frühzeitige geeignete Berücksichtigung und Pflegemaßnahmen beeinflussen. Zehn Hauptkennzeichen des Alterns gilt es besonders zu beachten. Vorsicht, damit ist nicht gemeint, dass das Tier damit schon als krank bezeichnet werden muss.

1. Altersabhängige Krankheiten werden erstmals sichtbar
2. Einschränkungen der Nierenfunktion
3. Geringere Leistung der Muskulatur
4. Geringere Leistung der Lunge und des Herz-Kreislauf-Systems
5. Zahnfleisch- und Zahnprobleme
6. Gelenk- und Knochenprobleme
7. Abnahme des Seh- und Hörvermögens
8. Veränderungen des Körpergewichts
9. Inkontinenz
10. Verhaltensänderungen

Oft ist es so, dass Veränderungen aus diesen Themenkomplexen gleichzeitig auftreten, zum Beispiel Gelenkprobleme plus geringere Leistung von Herz-Kreislauf plus Abnahme des Sehvermögens. Aber trotz dieser Handicaps können die Hunde noch mit angemessener Lebensqualität leben. Auf die Pathophysiologie der typischen Alterszipperlein werden wir gleich gezielter eingehen, denn irgendwann werden fast alle Seniorhunde leider auch klinisch krank.

Diverse Zipperlein bleiben im Alter leider nicht aus, in diesem Fall haben die Augen und eine Bandscheibe gleichzeitig zugeschlagen.

Rasse	N (Hunde)	%	Median
Labrador Retriever	1.419	10,8	14,3
Golden Retriever	767	5,9	14,0
Greyhound	577	4,4	14,3
Yorkshire Terrier	497	3,8	18,0
Chihuahua	484	3,7	16,0
Shi Tzu	442	3,4	16,5
Deutscher Schäferhund	376	2,9	13,4
Beagle	374	2,9	16,1
Dachshund	317	2,4	16,3
Boxer	287	2,2	13,2

Liste der zehn beliebtesten Hunderassen in den USA. Die Prozentangaben beziehen sich auf die Gesamtzahl (N = 13.086 Hunde) der in der Urfer-Studie (Urfer *et al.* 2020) erfassten Hunde (Median der Überlebenszeit in Jahren).

In einigen groß angelegten Studien wurde versucht herauszufinden, welches die häufigsten Todesursachen beim Hund sind. Als Beispiel sei hier eine britische Untersuchung erwähnt, deren Ergebnisse mit Einschränkungen wahrscheinlich auch auf deutsche Verhältnisse übertragen werden können. Bei der genannten Untersuchung wurden knapp 16.000 Todesfälle beim Hund von fast 170 verschiedenen Rassen, angefangen bei A wie Affenpinscher bis Y wie Yorkshire Terrier, alle im *UK Kennel Club* gelistet, unter die Lupe genommen (Adams *et al.* 2010). Das mittlere Lebensalter zum Zeitpunkt des Todes über alle hier registrierten Fälle betrug elf Jahre (Medianwert, Minimum zwei Monate, Maximum 23 Jahre). Als häufigste Todesursache wurde Krebs angegeben (27 %), gefolgt von Altersschwäche (18 %), Herz-Kreislauf-Problemen (11 %), urologischen und gastrointestinalen Problematiken (je 5 %). Man sieht also, dass zwei Drittel der in diese Untersuchung einbezogenen Todesfälle auf nur fünf große Krankheitskomplexe zurückzuführen sind.
Ein prinzipiell ähnliches Ergebnis mit Krebs als Ursache Nummer eins (hier sogar 45 %) zeigt eine ebenfalls sehr große Studie aus den USA (Urfer *et al.* 2020). Auch beim Menschen stehen Herz-Kreislauf-Erkrankungen mit 35 % vor den Krebs-Erkrankungen mit 25 % ganz oben auf der Liste (Destatis, Statistisches Bundesamt).

Wissens BOX

Alternde Hunde entwickeln eine **Reihe typischer Veränderungen**, die nicht nur die Leistungsfähigkeit und die Gesundheit betreffen, sondern auch ihr Verhalten und ihren Alltag.
Häufige Anzeichen sind:

- Sie werden grauer, vor allem im Kopfbereich.
- Ihr Appetit und Durst nehmen ab.
- Geringere körperliche Aktivität durch Abnahme der Muskelleistung, Gelenkverschleiß, geringere Anpassungsfähigkeit des Herz-Kreislauf-Systems.
- Fell und Haut verändern sich.
- Sie neigen zu Übergewicht.
- Das Immunsystem wird schwächer
- Seh- und/oder Hörvermögen sind eingeschränkt.
- Sie zeigen Verhaltensänderungen wie Sturheit, Vergesslichkeit, nachlassende Lernfähigkeit, nächtliche Unruhe.

»Der Rost macht erst die Münze wert.«

Johann Wolfgang von Goethe

KAPITEL 4

ALTER IST KEINE KRANKHEIT?!

In diesem Kapitel wollen wir uns die häufigsten Erkrankungen alter Hunde näher anschauen, denn oft liegt der Schlüssel für ein gesundes, langes Leben auch in einer ordentlichen Prophylaxe. Je früher man eine Veränderung entdeckt, desto besser ist die Prognose. Manchmal geht es beim alten Hund aber auch nur noch darum, die Lebensqualität möglichst lange zu erhalten und ihn palliativ zu betreuen. Prinzipiell gibt es natürlich zum Glück auch immer wieder alte Hunde, die bis zum Schluss fit und wenig eingeschränkt sind. Da die Lebenserwartung von Hunden aber laut verschiedener Statistiken in den letzten Jahrzehnten signifikant – und entgegen allen Unkenrufen – gestiegen ist, haben sie immer häufiger auch die Chance, ähnliche Alterszipperlein zu entwickeln wie wir Menschen. Früher sind sie oft einfach vorher schon gestorben. Die gestiegene Lebenserwartung unserer Haushunde ist sicherlich auch ihrer – im Vergleich zu vor ein paar Jahrzehnten – besseren medizinischen Prophylaxe und Versorgung sowie einer besseren Ernährung geschuldet. Kurzum ließe sich vielleicht auch sagen: der Tatsache, dass sich ihr Stellenwert in unserer Gesellschaft deutlich geändert hat. Mit dem besten Freund geht man anders um als mit einem Arbeitsgerät.

Wehret den Anfängen!

Eine große Wichtigkeit hat sicherlich gerade beim alten Hund die regelmäßige (prophylaktische) Untersuchung, denn viele Erkrankungen zeichnen sich beispielsweise in den Blutwerten ab, lange bevor der Patient klinisch auffällig wird. Oder nehmen wir die – leider häufigen – Tumorerkrankungen: Alle »Knubbel« können auch potenziell bösartige Tumore sein und dann ist in der Regel entscheidend, wie schnell man sie entdeckt. Manchmal liegen nur ein paar

Trübe Augen sind oft das erste offensichtliche Zeichen für das Altern eines Hundes. Da man die wirklich wichtigen Dinge aber sowieso nur mit dem Herzen sieht, ist das Piccolo egal.

Wochen zwischen »hätte man noch gut und ohne großen Aufwand operieren können« und »hat gestreut und ist inoperabel«. Schnelligkeit ist sicherlich die beste Waffe, die wir den Tumoren unserer Hunde entgegensetzen können.

Nehmen Sie sich jeden Tag etwas Zeit, Ihren alten Hund ganz bewusst anzuschauen: Hat er noch Appetit? Hält er sein Gewicht oder nimmt er ab oder zu? Wie sehen seine Zähne aus? Funktionieren Harn- und Kotabsatz wie gewohnt? Hat er eine Verstopfung oder häufig weichen Kot? Hat sich sein Aktivitätslevel geändert, schläft er mehr? Wie ist sein Hautbild? Hört und sieht er noch? Wird die intakte Hündin noch läufig, wie ist das Zyklusgeschehen? Wie ist übrigens sein Gangbild? Diesen Punkt finde auch ich als Tierärztin bei den eigenen Hunden extrem schwierig zu beurteilen, weil viele Hunde erstens viel kompensieren und Schmerzen eigentlich nur zeigen, wenn es nicht mehr anders geht, aber auch weil man mit den Jahren für den eigenen Hund recht betriebsblind wird. Veränderungen kommen schließlich nicht plötzlich, sondern schleichen sich oft über Monate oder gar Jahre ein. So macht es (auch für mich) oft Sinn, andere Menschen, die sich auskennen, zu fragen, ob sich seit der letzten Begegnung mit dem Hund augenscheinlich etwas verändert hat.

Erkrankungen der Nieren oder der Leber bilden sich lange bevor klinische Symptome bestehen im Blut ab, sodass man auch hier durch eine frühzeitige Diagnostik die besten Chancen hat gegenzusteuern und den Schaden möglichst gering zu halten. Einen guten Überblick über die Organfunktionen bringt ein sogenanntes Geriatrieprofil, in dem alle relevanten Organwerte, die sich im Alter gerne mal verändern, überprüft werden. Spätestens ab dem siebten Lebensjahr (bei manchen großen Hunden etwas früher, bei manchen kleinen Hunden etwas später) wird ein solches Geriatrieprofil mindestens einmal jährlich empfohlen.

Ebenso bringen Herzprobleme, die ja bei alten Hunden keine Seltenheit sind, typische Anzeichen mit sich: Schläft der Hund vermehrt? Ist er schneller aus der Puste als sonst? Ist seine

Atemfrequenz gestiegen? Falls Sie hier mit einem Ja antworten, ab zum Tierarzt! Die meisten Krankheiten werden wir nicht verhindern können, aber wichtig ist, dass man auf Veränderungen und Symptome achtet, um frühzeitig einschreiten zu können.

Eine sehr häufige Todesursache alter Hunde sind Milztumore, sogenannte Hämangiosarkome, die in der Regel unbemerkt wachsen und erst dann Probleme machen, wenn sie rupturieren, also platzen, was zu einem Verbluten in die Bauchhöhle führt.

Milztumore machen 40 % aller abdominalen Tumore beim Hund aus und sind somit ein bisschen das Schreckgespenst der Halter alter Hunde, denn in der Regel werden sie erst erkannt, wenn es zu spät ist, da betroffene Hunde lange Zeit symptomlos bleiben.

Auch beim Dönertier war es übrigens ein geplatzter, bis dato nicht bekannter Milztumor, der ihr ein schnelles Ende bereitete. Einen geringen Trost stellt dar, dass Milztumore vermutlich nicht der schmerzhafteste Tod sind, den ein Hund sterben kann.

Eine gewisse Vorsorge ist auch hier möglich, wenn man den Hund regelmäßig sonografisch untersucht, sich also per Ultraschall die Milz (und die anderen Organe) anschaut. In der Regel wird diese Untersuchung einmal jährlich empfohlen, allerdings muss man dazu sagen, dass die Biester oft vergleichsweise schnell entstehen, sodass eine jährliche Untersuchung nur eine vermeintliche Sicherheit bringt. Dennoch hat man so die Möglichkeit, bei erkannten bestehenden Veränderungen die Milz zu entfernen, bevor der Tumor streut. Hat er erst einmal gestreut, ist die Prognose meist ungünstig und eine Operation bringt in der Regel nur noch einige Monate Überlebenszeit, bevor neue Tumore auftreten.

Auf den nächsten Seiten besprechen wir ein paar der typischen Alterszipperlein von Hunden. Die Liste erhebt keinen Anspruch auf Vollständigkeit, weil natürlich auch ein alter Hund zusätzlich einen Anspruch auf Krankheiten hat, die mit seinem Alter gar nichts zu tun haben. Dennoch kann das Kapitel eventuell Aufschluss darüber bringen, worauf man achten sollte und wie man mit den entsprechenden Krankheiten/Einschränkungen am besten umgehen kann.

Wissens BOX

Präventive Untersuchungen werden beim Hund mit zunehmendem Alter immer bedeutsamer.

- Achten Sie regelmäßig auf **körperliche Veränderungen und Veränderungen im Verhalten.**
- Ab spätestens dem siebten Lebensjahr empfiehlt es sich, mindestens einmal pro Jahr ein **Geriatrieprofil** anfertigen zu lassen, um entstehende Krankheiten frühzeitig erkennen zu können.
- Regelmäßige **Ultraschalluntersuchungen** können helfen, Tumore rechtzeitig zu erkennen.

4.1 Das geht an die Nieren – Niereninsuffizienz

Bernd Schröder

Ein durstiger Senior.

Zeigt der Seniorhund vermehrten Durst, Lethargie, Appetitreduktion, veränderte Urinproduktion, gelegentlich Erbrechen oder gar Durchfall und Gewichtsverlust? Ein solches Bild kann durchaus in Zusammenhang mit Nierenerkrankungen stehen, denn die Niere gehört neben dem Herzen zu den Organen, die relativ früh »Gebrauchsspuren«, soll heißen altersbedingte Funktionsverluste, entwickeln. Chronische Nierenerkrankungen sind eine normale Alterserscheinung, die nicht repariert werden kann. Das Tempo des Fortschreitens kann aber in gewissem Rahmen beeinflusst werden. Sinnvoll für eine längere Überlebenszeit und bessere Lebensqualität ist die therapeutische Beeinflussung der Faktoren, die für die rasche Progression der Niereninsuffizienz verantwortlich sind (Roudebush *et al.* 2010).

Zu hohe Serumphosphatspiegel und Hyperproteinurie (zu viel Eiweiß im Urin) sind zwei wichtige biochemische Parameter, die auf eine Nierenerkrankung hinweisen. Es besteht Konsens darüber, dass sowohl Hyperphosphatämie als auch Hyperproteinurie maßgeblich an der Aufrechterhaltung der fortschreitenden Niereninsuffizienz beteiligt sind, auch wenn die genauen Pathomechanismen noch nicht

Während die akute Niereninsuffizienz unter anderem durch Vergiftungen, wie z.B. durch das Pfaffenhütchen, ausgelöst werden kann, ist die chronische Niereninsuffizienz oft altersbedingt.

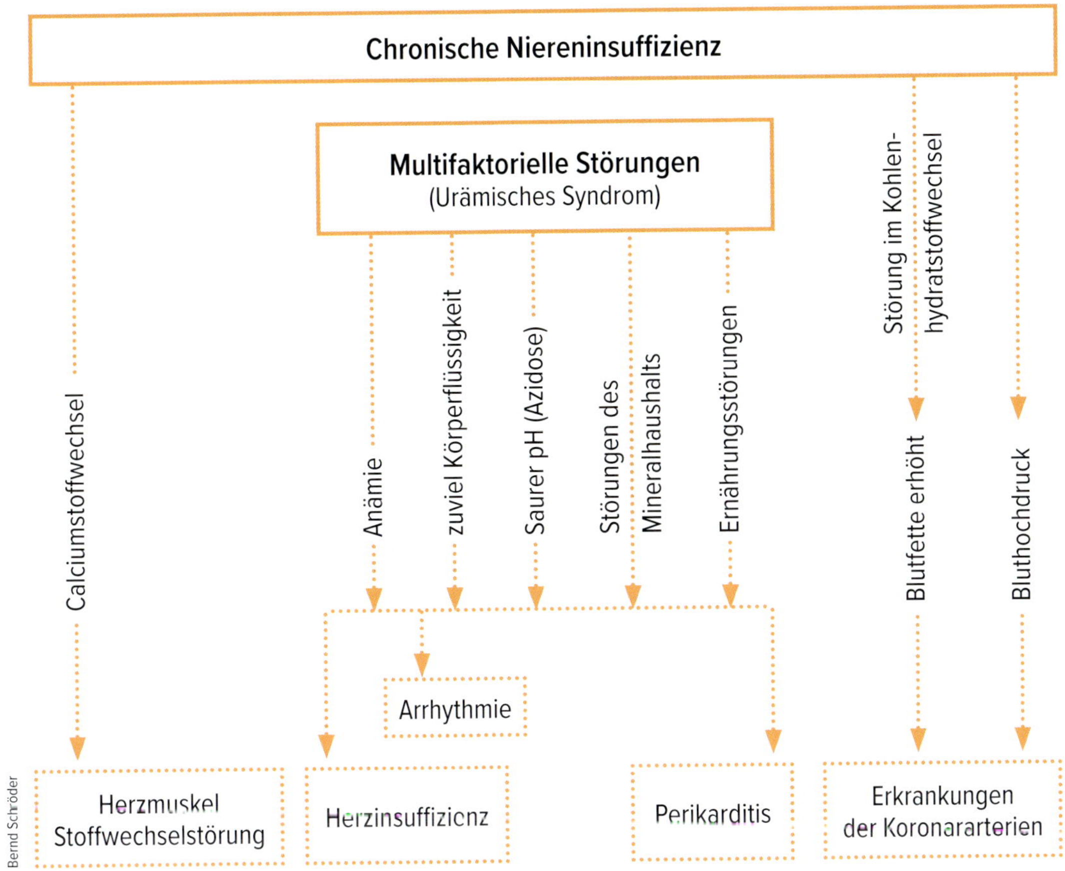

Funktionelle Beziehung zwischen Niereninsuffizienz und Herz-Kreislauf-Erkrankungen.

geklärt sind (Schäffner 2018). Maßnahmen zur Reduktion der Hyperphosphatämie und der Hyperproteinurie sollten folglich im Mittelpunkt therapeutischer Maßnahmen stehen.

Man sollte im Hinterkopf behalten, dass eine kranke Niere auch die Funktion anderer Organsysteme beeinflusst. Je nachdem, welcher Teil der Niere nicht mehr richtig funktioniert, kann sich das sogar auf den Knochen oder das Blutbild auswirken. Aus dem Nierengewebe kommen nämlich das knochenbildende Hormon Calcitriol und Erythropoetin, das für die roten Blutkörperchen zuständig ist. In der Abbildung oben wird beispielhaft für das Zusammenspiel der Organsysteme der Einfluss der Niereninsuffizienz auf die Funktion des Herz-Kreislauf-Systems vorgestellt. Altersbedingte, chronische Nierenerkrankungen werden leider oft erst sehr spät diagnostiziert, da die Folgen sich sehr langsam anschleichen (in Monaten bis Jahren). Akutes Nierenversagen (Stunden bis einige Tage) kann Hunde jeden Alters betreffen. Das wird klar, wenn man sich die Hauptursachen anschaut: Vergiftungen, Dehydration, Hitzschlag, Blutdruckabfall, Thrombosen.

Besteht der Verdacht, dass der Seniorhund an einer Nierenerkrankung leiden könnte, sollte unbedingt ein Tierarzt aufgesucht

Wissens **BOX**

- **Chronische Nierenerkrankungen** sind eine normale Alterserscheinung, die nicht repariert werden kann.
- Das **Tempo** des Fortschreitens kann in gewissem Rahmen beeinflusst werden.
- Sinnvoll für eine längere Überlebenszeit und bessere Lebensqualität ist die **therapeutische und diätetische Beeinflussung der Faktoren**, die für die rasche Progression der Niereninsuffizienz verantwortlich sind.
- Eine **Hyperphosphatämie** und **Hyperurinämie** muss vermieden werden, weil diese Faktoren maßgeblich an der Aufrechterhaltung der progressiven chronischen Niereninsuffizienz des Seniorhundes beteiligt sind.

werden. Allgemeinuntersuchung, Blut- und Urinanalyse sowie Röntgen- und Ultraschallbilder führen häufig schon zu einer treffenden Differenzialdiagnose und als Konsequenz zu Therapievorschlägen wie beispielsweise einer Flüssigkeitstherapie oder Verabreichung einer therapeutischen Diät. Oft sind diese Maßnahmen bereits ausreichend, um die Lebensqualität des Patienten zu erhalten oder wieder zu erhöhen.

4.2 Nicht mehr ganz dicht – Inkontinenz

Wie so vieles, was jahrelang problemlos und ganz selbstverständlich funktioniert hat, wird bei alten Hunden oft auch die Stubenreinheit wieder zum Problem. Sowohl eine Kot- als auch eine Harninkontinenz kann natürlich rein medizinische Ursachen haben, wie eine *Cauda equina*, ein Bandscheibenproblem oder eine Darm- oder Blasenentzündung, Harnsteine, hormonelle Störungen etc. Bei einer Harninkontinenz einer kastrierten Hündin ist die Kastration als Ursache zunächst eine naheliegende Verdachtsdiagnose, aber auch ein Hund kann »Läuse und Flöhe gleichzeitig haben«. Und nachdem ich neulich eine sehr wütende Reaktion auf diesen alten Medizinerspruch hatte, in dem mir eine Halterin empört unterstellte, ich würde behaupten, ihr Hunde hätte auch noch Parasiten, sage ich hier sicherheitshalber dazu: nein, das besagt nur, dass auch ein Hund das Anrecht auf mehr als eine Erkrankung gleichzeitig hat. Rein medizinische Ursachen gehören also abgeklärt und manchmal bleibt dann nur das Alter oder die Demenz als Auslöser. Dinge, die ein Hundeleben lang selbstverständlich waren, wie zum Beispiel die Stubenreinheit, funktionieren plötzlich nicht mehr. Sie merken entweder nicht mehr oder zu spät, dass sie müssen, oder sie haben schlichtweg vergessen, dass die Wohnung für Geschäfte aller Art tabu ist.

Abhilfe schafft oft, wie beim Welpen, den Hund möglichst oft nach draußen zu lassen, sprich der Mensch muss an das denken, an was der Hund inzwischen nicht mehr denkt. Auch eine Änderung des Fütterungsmanagements (andere

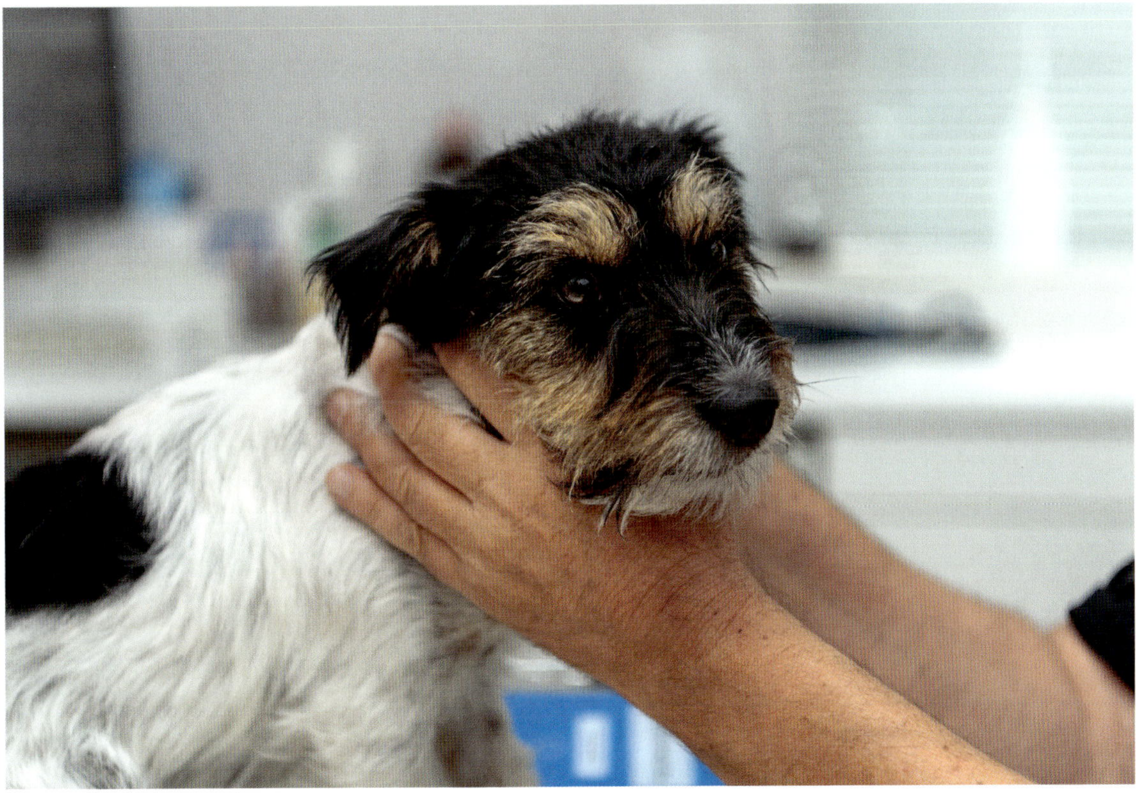

Karoline Thalhofer – stock.adobe.com

Je früher Erkrankungen beim alten Hund erkannt werden, desto besser sind die Behandlungsmöglichkeiten.

Zusammensetzung, weniger Wassergehalt, anderer Fütterungszeitpunkt) kann hilfreich sein, um den Hund über Nacht wieder »dicht« zu bekommen. Inkontinenzunterlagen auf dem Schlafplatz können das Problem entschärfen, und wenn der Hund trotzdem »nicht ganz dicht« ist, können im Fachhandel erhältliche Hundewindeln eine gute Akuthilfe sein. Allerdings muss man gut aufpassen, da auch Hunde sehr schnell eine Windeldermatitis, also Hautentzündungen bekommen, wenn die Haut zu lange mit einer vollen, feuchten Windel in Kontakt ist. Die Windeln müssen regelmäßig überprüft und gewechselt werden, und auch sollte man die Haut regelmäßig auf Entzündungsanzeichen kontrollieren.

Eine Ursache der altersbedingten Inkontinenz ist eine Schließmuskelschwäche der Harnröhre die durch Nachlassen der Muskulatur und des Bindegewebes bei älteren Hunden entsteht. Typische Zeichen hierfür können Tropfen bis kleinere Mengen an Harn sein, die der Senior unwissentlich auf seinem Schlafplatz unter sich lässt. Oft fällt auch auf, dass er beim Aufstehen entsprechend Urin verliert. Viele Hunde zeigen es einem aber auch sehr deutlich, indem sie den Liegeplatz meiden, die Nase rümpfen etc.

Während es sich im Einzelfall natürlich auch mal um eine akute Harnblasenentzündung handeln kann, spielt die Insuffizienz des Schließmuskels bei kastrierten Hündinnen, bedingt durch einen Östrogenverlust, eine besondere Rolle. Bei ihnen entsteht – im Gegensatz zu 0,2 bis 0,3 % betroffenen nicht kastrierten Hündinnen – eine Harninkontinenz in 3,1 bis 20,1 % der Fälle (Timmermans *et al.* 2019). Hündinnen großer Rassen

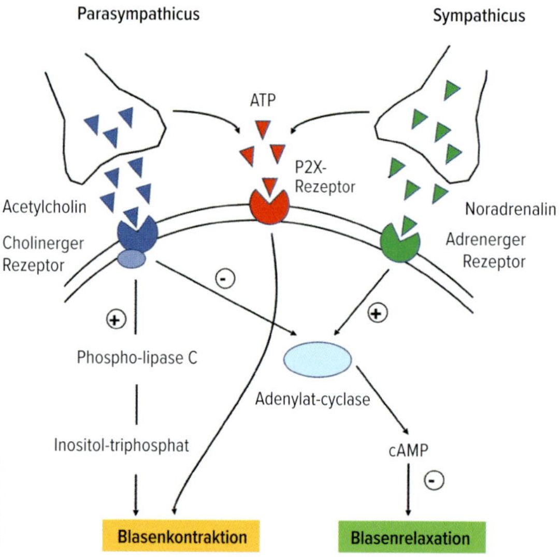

Bernd Schröder

Neurotransmitter wirken Rezeptor vermittelt auf die Blasenkontraktion oder -relaxation. Es gibt einen stimulierenden und einen hemmenden Weg. Dies eröffnet Möglichkeiten für eine pharmakologische Beeinflussung.

sind davon viel häufiger betroffen als kleine Rassen (< 20 kg). Auch das Luteinisierende Hormon (LH), das aus dem Gehirn heraus die Sexualorgane befeuert, unter seinem Einfluss Sexualhormone zu produzieren, und von dem nach der Kastration hohe Spiegel produziert werden, weil die Rückantwort »von unten« fehlt, scheint an der Entstehung der kastrationsbedingten Inkontinenz beteiligt zu sein. Allerdings sind auch Rüden davor nicht gefeit, denn wenn auch wesentlich seltener, so gibt es dennoch auch Rüden die eine kastrationsbedingte Inkontinenz entwickeln. Aber natürlich können Hunde auch im Rahmen anderer Erkrankungen, wie beispielsweise der Kognitiven Dysfunktion (CCD, siehe entsprechendes Kapitel), bei eingeschränkter Beweglichkeit oder Schmerzen im Lendenwirbelsäulenbereich undicht werden.

Die Harninkontinenz der Hündin ist in der Regel medikamentell gut behandelbar – wenn auch leider nicht heilbar. An dieser Stelle sei auch darauf hingewiesen, dass sich neben den klassischen Wirkstoffen gegen die Inkontinenz der kastrierten Hündin auch das Suprelorin-Implantat (der »Kastrationschip für Rüden«) in Studien sehr erfolgreich in der Therapie der kastrationsbedingten Inkontinenz erwiesen hat, da es die verbliebenen hohen LH-Spiegel nach einer Kastration runterreguliert.

Inkontinenz

Neurogene Ursachen	Nicht neurogene Ursachen
Funktionsstörungen oberer Motoneurone	Funktionsstörung des Harnröhrenschließmuskels
Funktionsstörungen unterer Motoneurone	angeborene Fehlfunktionen
mangelnde Koordination von Blasen- und Harnröhrenmuskulatur	Übererregbarkeit der Muskulatur der Blasenwand
Funktionsstörungen des vegetativen Nervensystems in Blase und Harnröhre	anatomische und funktionelle Störungen der Harnröhre
Blasenentleerungsstörung	Muskelschwäche in der Blasenwand, Medikamentennebenwirkungen

Das Implantat hat den Vorteil, dass es – zum Teil im Gegensatz zu den herkömmlichen Medikamenten – nicht das Adrenalinsystem stimuliert (was sich negativ auf das Verhalten auswirken kann) und nur alle zehn Monate verabreicht werden muss. In der vorhergehenden Tabelle sind typische Faktoren, die bei der urinären Inkontinenz eine Rolle spielen aufgelistet (modifiziert nach Timmermans *et al.* 2019).

Catharina Cordes

»Frauchen, wir können jetzt Zähne putzen.« Im Idealfall reicht die regelmäßige Pflege der Zähne mit einer weichen Zahnbürste, an die der Senior schon im Welpenalter gewöhnt werden sollte. Dann macht er dieses bereitwillig mit.

Wissens BOX

- Eine Harninkontinenz kann beim Seniorhund durch eine **Schließmuskelschwäche** der Harnröhre entstehen.
- Des Weiteren kann eine **Harnblasenschwäche** im Rahmen von Erkrankungen wie Kognitiver Dysfunktion oder bei Problemen im Bereich der Lendenwirbelsäule beobachtet werden.
- Bei Hündinnen kann eine kastrationsbedingte **Harninkontinenz** durch Östrogenverlust häufiger auftreten als bei Rüden.

4.3 Der Atem des Grauens – Zahnprobleme

Die wenigsten Hunde haben bis ins hohe Alter ein perfektes Gebiss, eher findet man sogar massive Zahnprobleme auch bereits bei jungen Hunden.

Entgegen geläufigen Aussagen im Internet hat die Zahngesundheit in der Regel weniger mit der Art der Fütterung zu tun als vielmehr mit der bisher erfahrenen Zahnpflege, der individuellen Speichelzusammensetzung, dem Alter, der Rasse sowie der individuellen anatomischen und physiologischen Selbstreinigungskraft des Gebisses, die wiederum von der Stellung der Zähne, dem Abstand der Zahnzwischenräume, der Beschaffenheit der Zahnsubstanz, der Zusammensetzung des Speichels und der Keimflora im Maulbereich abhängig ist. Beim einen Hund stellt man sich auf den Kopf, um die Zähne zu erhalten, beim anderen braucht es nicht viel und trotzdem strahlen die Beißerchen noch wie bei einem jungen Hund. Letzteres ist allerdings selten. Hier stehen inzwischen bei den beiden Senioren von mir jährliche Zahnreinigungen und -sanierungen an, denn bei jeder Nahrungsaufnahme bleiben feine Beläge aus Nahrungsresten, die sogenannten Plaques, auf der Zahnoberfläche haften. Diese Reste bestehen im Wesentlichen aus Kohlenhydraten und Proteinen. Durch die nun folgende Einlagerung von Kalzium- und Phosphatverbindungen in die Plaques, die natürlicherweise dem Schutz der Hundezähne dienen sollten, kommt es zur Mineralisation dieser Beläge. Die Beläge werden mit der Zeit immer härter und es siedeln sich Bakterien darauf an, die zu Parodontitis und damit zur Zerstörung des Zahnhalteapparates und zum Zahnverlust führt.

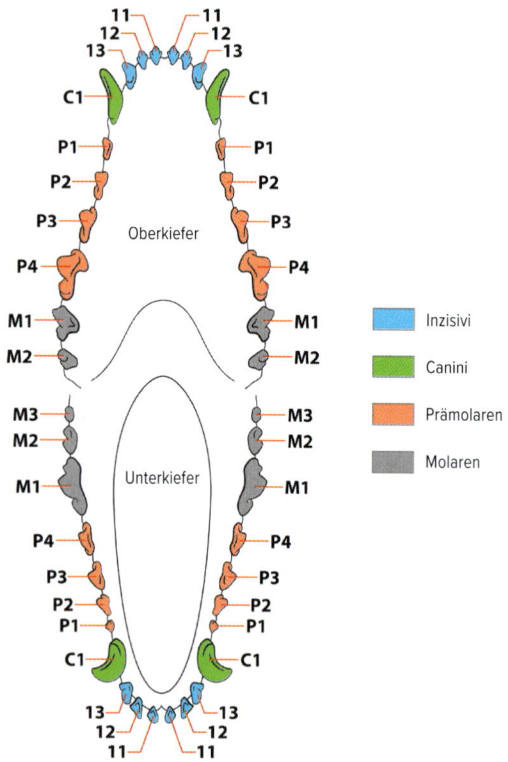

Gebiss des Hundes (schematisch). Das voll entwickelte Gebiss hat 42 Zähne. Es hat in jeder Kieferhälfte drei Schneidezähne (Incisivi, I1-I3), Fangzähne (Eckzähne, C1), vier vordere Backenzähne (Prämolaren, P1-4) und im Oberkiefer zwei, im Unterkiefer drei hintere Backenzähne (Molaren, M).

Rainer Lesniewski/shutterstock.com (modifiziert)

Die einzige sinnvolle Prophylaxe gegen Zahnstein ist das regelmäßige Putzen der Zähne, das man am besten bereits beim jungen Hund beginnen sollte. Welche Zahnpasta und -bürste man dafür verwendet, ist nebensächlich, solange man beides verwendet. Zähne putzen lohnt sich, versprochen! Und gelernt hat das bisher jeder Hund – und zugehöriger Mensch. Je früher ein Hund an diese Prozedur gewöhnt wird, desto einfacher und effektiver ist das Zähneputzen. Und glauben Sie uns: So nervig das bei meinen vier Hunden ist, es lohnt sich und erspart unter Umständen viel Ärger und einige Narkosen sowie damit verbundene Sorgen! Genauso wichtig ist es natürlich, auf Veränderungen zu achten und frühzeitig zu reagieren. Wenn der Hund starken Maulgeruch oder Verfärbungen an den Zähnen hat, sich das Zahnfleisch rückbildet, entzündet ist oder gar blutet, fragen Sie Ihren Tierarzt um Rat, bevor der Zahn Schaden nimmt.

Wie es nicht aussehen sollte. Reicht zur Pflege der Zähne das Putzen nicht aus, kommt es durch Ansiedlung von Bakterien auf Plaques and den Zähnen zur Bildung von Zahnstein, der langfristig zur Entzündung des Zahnfleisches führen kann. Aber auch innere Organe wie Herz und Nieren können durch Zahnerkrankungen Schaden nehmen.

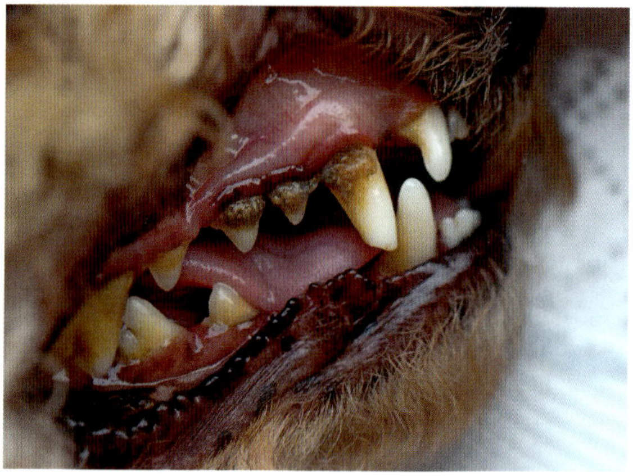

Chaipanya/shutterstock.com

Was an dieser Stelle extrem wichtig festzuhalten ist: Entgegen vielen Aussagen im Netz sind Zahnprobleme keine Kleinigkeit oder gar nur ein optisches (und gegebenenfalls olfaktorisches) Problem. Wer damit argumentiert, einen alten Hund »nur für die Zähne« nicht mehr in Narkose legen zu wollen, hat vermutlich selbst noch nie Zahnschmerzen gehabt! Wenn ich mir die heruntergekommenen Gebisse mancher Vierbeiner anschaue (oder daran rieche), alarmiert das all meine Spiegelneuronen und ich bekomme selbst akute Schmerzen im Mund. Dabei ist das, was man sieht, in der Regel nur die Spitze des Eisbergs beziehungsweise des Zahnsteins, weil die gravierendsten Probleme für uns mit bloßem Auge gar nicht sichtbar sind: Sie sitzen unter dem Zahnfleisch, denn dort verstecken sich die sogenannten Konkremente, die im Gegensatz zu Plaques nicht mehr einfach so weggeputzt werden können. Und hier kommt der Tierarzt ins Spiel, und zwar am besten einer, der sich mit Zähnen auskennt und sich in diesem Bereich weitergebildet hat. Und ja, leider ist eine professionelle Zahnreinigung nur unter Narkose möglich, alles andere bringt einen schnell in Konflikt mit dem Tierschutzgesetz, denn eine vernünftige Zahnreinigung, bei der die Konkremente aus den tiefen Zahnfleischtaschen entfernt werden, ist definitiv schmerzhaft. Auch sollte der zahnärztlich versierte Kollege auf jeden Fall vor der Zahnbehandlung eine Röntgenuntersuchung (ebenfalls in Narkose) durchführen, um die wahren Ausmaße des Schadens zu bestimmen. Nur mithilfe des Dentalröntgens lässt sich auch ein parodontaler Knochenabbau feststellen.

Ein Zahnproblem ist übrigens keinesfalls »nur« ein Zahnproblem, denn ein schlechter Zahnzustand stellt eine permanente Belastung des gesamten Organismus dar. Abgeschwemmte Bakterien und Entzündungszellen gelangen mit dem Blut ins Herz oder, wenn sie nicht dort bereits hängen bleiben, auch in die Niere oder in die Leber, wo sie zu Herzmuskel- und anderen Entzündungen führen können. Tatsächlich stellen verschleppte Zahn- und Zahnfleischentzündungen bei Hund und Katze eine der häufigsten Ursachen für Herzklappen- und Nierenerkrankungen dar, die bei frühzeitiger Feststellung und Behandlung hätten vermieden werden können. Zahnbehandlungen beim Hund haben also rein gar nichts mit Schönheits-OPs zu tun, sondern sind bei entsprechenden Problemen eine Grundvoraussetzung für eine gute Lebensqualität des Patienten.

Das Argument »Aber er ist schon so alt und die Narkose ...« zählt an dieser Stelle nicht, denn sicherlich wollen Sie Ihrem Liebling nicht nur ein möglichst langes, sondern auch ein möglichst schmerzfreies Leben ermöglichen – und das steht nun mal im Widerspruch zu Gammelzähnen! Es kommt ja auch keiner auf die Idee, einen Hund beispielsweise unbehandelt mit einem Knochenbruch herumlaufen zu lassen, weil die Narkose zu riskant ist. Übrigens zählt auch das Argument »Er frisst aber noch« an dieser Stelle nicht, denn Fressen ist überlebensnotwendig und Hunde sind, wie bereits erwähnt, Meister darin, Schmerzen zu verbergen.

Lassen Sie das Gebiss Ihres Vierbeiners also regelmäßig kontrollieren und scheuen Sie sich nicht, notwendige Schritte zur Behandlung einzuleiten. Es gibt inzwischen gute und sichere, auf alte Hunde und ihre individuellen Probleme abgestimmte Narkosen, sodass dieses Argument an dieser Stelle nicht zählen darf! Ein gewisses Narkoserisiko besteht immer, aber trotzdem lassen genug Menschen ihren jungen Hund ohne geringste Bedenken kastrieren und

Wissens BOX

- **Zahnschmerzen** sind kein Kavaliersdelikt. Zahnprobleme sind für eine Vielzahl anderer gefährlicher Krankheiten verantwortlich.
- Prophylaktisch hilft **Zähneputzen**, an das der Hund optimalerweise von Anfang an gewöhnt wird.
- Eine **regelmäßige Begutachtung** und ggf. Behandlung der Zähne beim Tierarzt ist unumgänglich.
- Es gibt keinen plausiblen Grund, eine **Zahn-OP** beim Hund nicht durchzuführen.

gleichzeitig alte Hunde mit schmerzenden Zähnen durchs Leben laufen. Ich persönlich hätte bei der erstgenannten OP, für die in der Regel keine medizinische Notwendigkeit besteht, mehr Bedenken als bei einer unaufschiebbaren Zahn-OP. Und glauben Sie mir – es ist auch für die eigene Nase ein Geschenk, wenn der Hund wieder mit sauberem Gebiss und ohne den »Atem des Grauens« unterwegs ist.

4.4 Mach mal (Meno-)Pause?! – Die Sexualorgane

Im Gegensatz zu uns kommen intakte Hündinnen nicht in die Menopause, sie sind ihr Leben lang fruchtbar. Allerdings können die Abstände zwischen den Läufigkeiten größer oder unregelmäßiger werden. Aber natürlich sollte eine Hündin in einem hohen Alter auf keinen Fall mehr trächtig werden, da hier Komplikationen vorprogrammiert sind.

Sollte die Läufigkeit ganz ausbleiben, ist das bei der Hündin keinesfalls physiologisch, sondern – ebenso wie zu häufige Läufigkeiten – immer ein Alarmzeichen und ein Termin beim Tierarzt ist unumgänglich. Viele ältere Hündinnen haben Veränderungen an der Gebärmutter oder Zysten auf den Eierstöcken, die zu hormonellen Imbalancen führen. Dadurch wird die normale hormonelle Aktivität die Gebärmutterschleimhaut beeinträchtigt und kann zystisch entarten. Diese Entartung und die von den Eierstockzysten zusätzlich gebildeten Hormone können den Weg für eine Infektion der Gebärmutter mit Bakterien ebnen, mit der eine gesunde Gebärmutter in der Regel gut fertig wird. Je älter die Hündin ist, desto höher ist ihr Risiko, eine Pyometra (Gebärmuttervereiterung) zu entwickeln. Die Pyometra ist wiederum ein hochakuter Notfall und bedarf einer sofortigen Notoperation.

Besteht nur eine leichte Entzündung der Gebärmutterschleimhaut, spricht man von einer Endometritis. Bei der Hündin entwickelt sich dadurch aber oft eine lebensbedrohende Pyometra (Gebärmuttervereiterung). Dabei füllt sich die Gebärmutter mit Unmengen an Eiter und aus zwei normalerweise fingerstarken Gebärmutterhörnern werden schnell zwei unterarmdicke Gebärmutterhörner. Bleibt das unbemerkt, kann es sogar zur Ruptur der Gebärmutter kommen. Die Pyometra ist immer ein akuter Notfall, der schnellstmöglich dem Tierarzt vorgestellt und in der Regel rasch operiert werden sollte. Die Kastration stellt die Therapie der Wahl dar, denn wo keine Gebärmutter mehr ist, da kann sich auch keine entzünden. Theoretisch könnte man – je nach Ausprägung – auch einen medikamentösen Therapieversuch unternehmen. Da aber ein Wiederauftreten in der nächsten Läufigkeit beinahe so sicher ist wie das Amen in der Kirche, rate ich an dieser Stelle zur schnellen

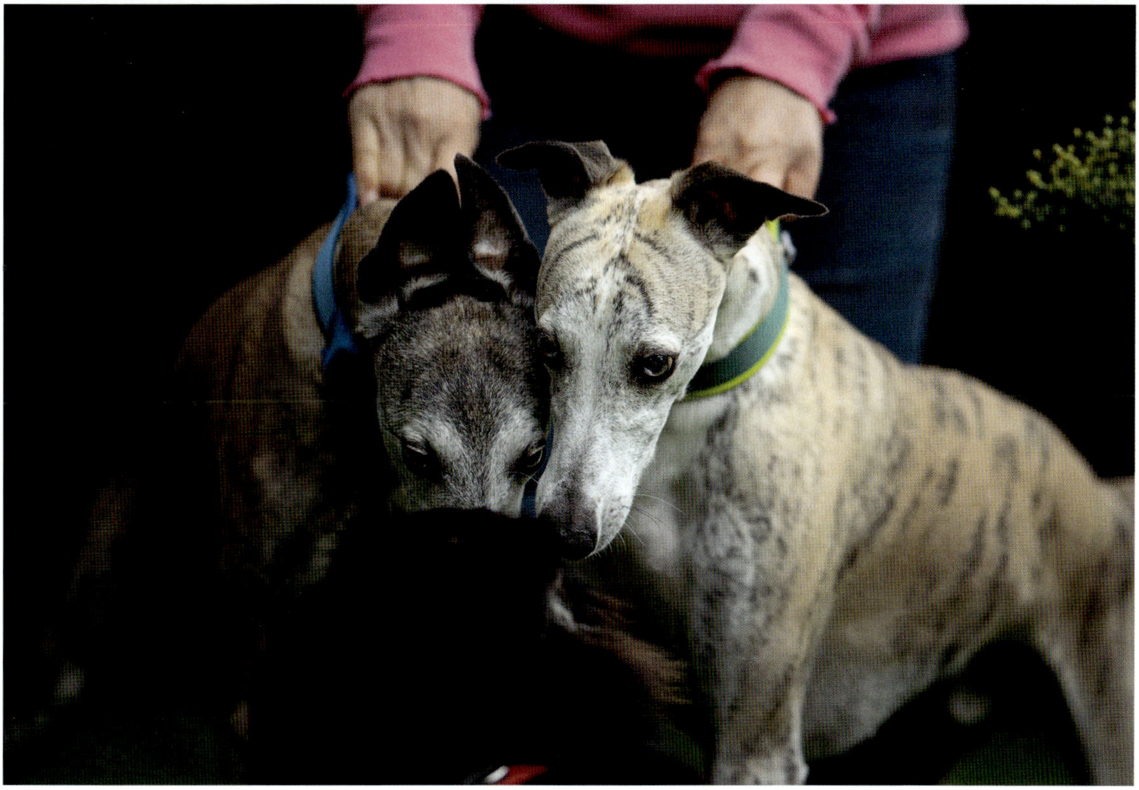

Auch im Alter sind Hunde einem kleinen Flirt nicht abgeneigt – die Liebe hält ja bekanntlich jung.

Kastration. Weil das Risiko für eine Pyometra statistisch mit jedem Lebensjahr steigt und ein schnelles Handeln an dieser Stelle so wichtig ist, sollte man die Symptome einer Pyometra unbedingt kennen und bereits bei ersten Anzeichen einen Tierarzt aufsuchen.

Die auftretenden Symptome sind exzessives Trinken, infolgedessen vermehrter Harnabsatz, Fieber (nicht immer), eventuell Erbrechen, Appetitlosigkeit, Mattheit, übelriechender Vaginalausfluss (leider auch nicht immer, da es auch eine sogenannte geschlossene Pyometra gibt), aufgetriebenes Abdomen etc. Meistens entsteht eine »Pyo« eine Woche bis ein paar Monate nach der Läufigkeit. Wenn man die Anzeichen kennt und nach der Läufigkeit ein besonderes Augenmerk auf die Hündin hat, sollte man die Entstehung einer Pyometra auf jeden Fall bemerken. Hier im Hause leben zwei intakte Hündinnen, aber Angst, sie an einer Pyometra zu verlieren, habe ich nicht, weil ich sicher bin, dass mir das nicht entgehen würde. Dann bleibt, wie gesagt, nur die Kastration, aber andersherum ist eine Kastration zur Prophylaxe von Krankheiten prinzipiell erst einmal nicht mit dem deutschen Tierschutzgesetz vereinbar und bevor man gesunde Organe entfernt, empfiehlt es sich, vernünftige Prophylaxe zu betreiben.

Auch jüngere Hündinnen sind nicht vor dieser Erkrankung gefeit, aber spätestens mit dem Älterwerden der Hündin sollte man nach den Läufigkeiten regelmäßig (mindestens einmal im Jahr) eine Ultraschalluntersuchung machen lassen, um den Zustand der Gebärmutter beurteilen zu können und gegebenenfalls rechtzeitig eingreifen zu können. Andererseits halte ich es für vertretbar,

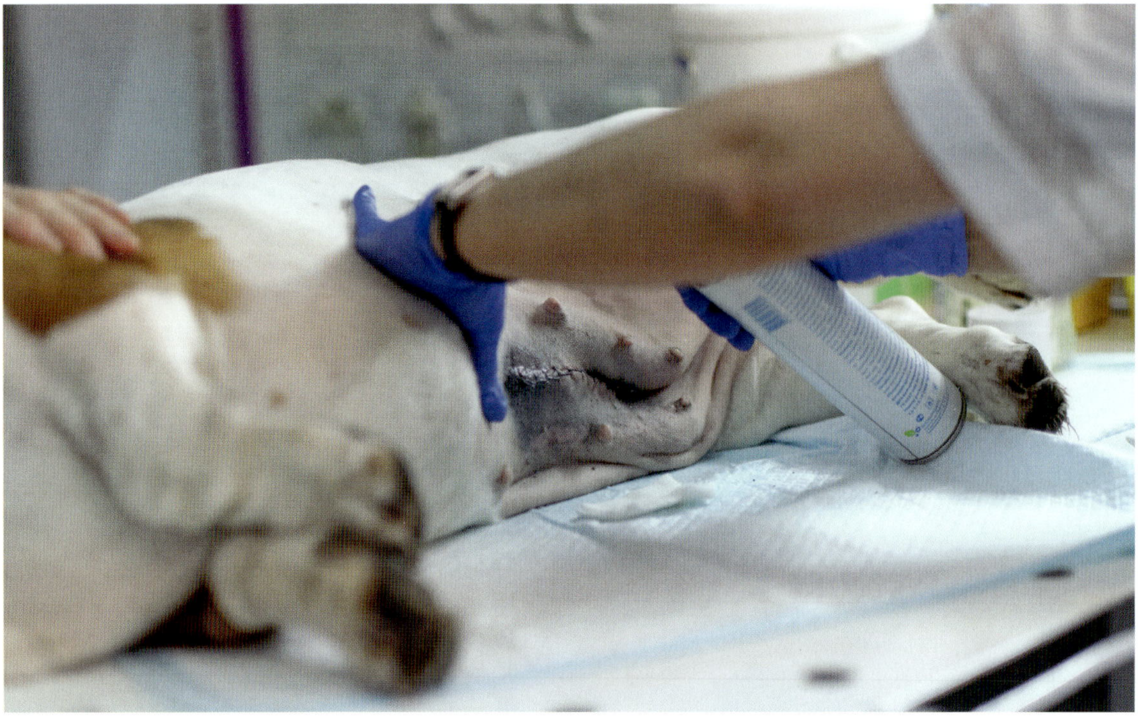

Der Tierarzt untersucht die Nähte der Hündin nach der Hysterektomie wegen einer Gebärmutterentzündung. Die Naht wird desinfiziert.

eine ältere Hündin, wenn sie sowieso in Narkose gelegt werden muss, gleich mit zu kastrieren, um ihr eine eventuelle Not-OP zu ersparen.

Auch der Rüde bleibt sein Leben lang fruchtbar, auch wenn die Spermienqualität mit dem Alter schlechter wird. Dadurch, dass intakte Rüden lebenslang den Einflüssen des männlichen Sexualhormons Testosteron unterworfen sind, gilt es mit fortschreitendem Alter auch zunehmend die Prostata im Auge zu behalten, denn analog zum älteren Mann macht sie auch intakten Rüden häufig das Leben schwer. Die gutartige Prostatahyperplasie (BPH) tritt vor allem, aber nicht nur bei älteren Rüden auf und kann als normaler Alterungsprozess bezeichnet werden. Die BPH ist nicht schmerzhaft, kann aber zu Zysten, Abszessen und Entzündungen in der Prostata führen. Die Entzündung kann chronisch oder akut verlaufen. Die Symptome sind schmerzhafter Kotabsatz, eine platte Verformung des Kots, Blut im Urin, Probleme beim Harnlassen, Harnwegsinfektionen oder auch Inkontinenz. Diagnostiziert wird die BPH mittels einer rektalen Untersuchung und/oder durch eine Ultraschalluntersuchung. Die Therapie besteht darin, den Testosteronspiegel zu senken. Dies geht entweder über eine Kastration (chirurgisch oder hormonell) oder aber auch konservativ über Tabletten, die die Rezeptoren (Bindungsstellen) für Testosteron selektiv nur in der Prostata hemmen. Mit Letzteren ist die Prostata meines Beaglerüden seit fast zwei Jahren gut unter Kontrolle und ich bin froh, nicht zum Skalpell gegriffen zu haben, weil der Nutzen des Testosterons im Alter, beispielsweise zum Erhalt der Muskulatur, den Schaden übersteigt.

Eine weitere durch Testosteron vor allem bei älteren Rüden verursachte Erkrankung ist der

Perianaltumor, ein in der Regel gutartiger Tumor (Adenom) in der Analregion des Hundes. Bei der Hündin treten Perianaltumore eher bei kastrierten Tieren auf. Wichtig, aber weitgehend unbekannt ist es entsprechend, die Analregion des Hundes regelmäßig anzuschauen und auf Veränderungen zu achten. Bei einem Beagle ist es dank kurzem Fell und entsprechender Rutenhaltung vergleichsweise einfach beziehungsweise fast unmöglich nicht regelmäßig hinzuschauen, bei langhaarigen Hunden, die die Rute tief tragen, sieht das gleich ganz anders aus. Aber auch hier gilt: Je früher man eine Veränderung entdeckt, desto einfacher ist es sie zu entfernen. Die Therapie besteht beim Rüden in einer Kastration und gegebenenfalls der chirurgischen Entfernung der Tumore, bei der Hündin bleibt nur Letzteres. Je später man diese Tumore entdeckt und je größer sie dadurch werden, desto größer ist auch das Risiko einer Kotinkontinenz infolge der Operation.

An dieser Stelle seien auch noch ein paar Worte zur Kastration von (alten) Hunden verloren: Beim Lesen des letzten Abschnitts hatte sicherlich der ein oder andere den Gedanken, warum man Hunde nicht gleich kastriert, wenn die Sexualhormone doch so viele Probleme bereiten können. Die Antwort ist ganz einfach: weil sie mindestens so viel Nutzen bringen, wie sie Schaden anrichten! Das Risiko für viele Tumorarten (Milztumore, Blasentumore, bösartige Prostatatumore, Herztumore, Knochenkrebs u.a.) wird durch eine Kastration gesteigert und auch viele andere Erkrankungen, wie zum Beispiel die Schilddrüsenunterfunktion sowie die Demenz im Alter treten bei Kastraten häufiger auf. Aber ein ganz wichtiger Aspekt, vor allem beim Seniorhund, ist, dass die Sexualhormone (vor allem das Testosteron, aber auch die Östrogene) einen anabolen, also muskelaufbauenden Effekt haben. Umgekehrt bildet sich nach dem Wegfall der Sexualhormone durch die Kastration die Muskulatur zurück, was vor allem im Alter einen negativen Einfluss auf den Bewegungsapparat hat. Und auch die beste Physiotherapeutin der Welt kann danach nicht mehr zurückbringen, was vorher da war.

Wissens BOX

- Bei Hündinnen gibt es **keine Menopause**, sie werden bis an ihr Lebensende läufig und können bis ins hohe Alter trächtig werden.
- Das Risiko einer **Gebärmuttervereiterung** steigt mit zunehmendem Lebensalter.
- **Nach der Läufigkeit** sollte auf vermehrten Durst, Apathie, vaginalen Ausfluss, Fieber und ein aufgetriebenes Abdomen geachtet werden.
- Beim intakten Rüden muss mit zunehmendem Alter besonders auf die **Prostata** und die Perianalregion geachtet werden.
- Die **Kastration** stellt **keinen Schutz** gegen Erkrankungen dar.

Piranha mit ihren jugendlichen 7 Jahren hat noch Durchblick und nimmt die Welt optisch anders wahr als ein alter Hund.

Mein Meier war vor zwei Jahren wegen vermeintlicher Perianaltumore (er gehörte natürlich zu dem einen Prozent, in dem es keine gutartigen Adenome, sondern bösartige Karzinome waren) chemisch kastriert und selbst meine Nachbarin, die keine Ahnung und Angst vor Hunden hat, meinte ganz schockiert: »Sophiiieee, was ist denn mit Meier passiert?« Auf mein erschrockenes »Oh Gott, was denn?« meinte sie: »Er hat ja keinen Arsch mehr in der Hose!« Also war es nicht der mir beim Thema Kastration oft unterstellte Placeboeffekt beziehungsweise schlichte Einbildung, sondern sogar für Laien erkennbar. Inzwischen ist der Kastrationschip ausgelaufen und die Muckies, die er besonders fürs Alter behalten sollte, sind wieder da. Mein jahrelanger Kampf um den Erhalt der Eier des »Johann Wolfgang von Klöten« macht sich im Alter also doch noch bezahlt. Und inzwischen steht wohl auch fest, dass er eines Tages mit ihnen begraben werden wird.

4.5 Sich taub und blind verstehen – Die Sinnesorgane

Analog zum Menschen lassen auch bei Hunden mit dem Alter die Sinnesorgane mehr oder weniger nach. Das betrifft vor allem die Augen und die Ohren, aber auch den Geruchssinn. Oft fallen Hundehaltern diese Veränderungen erst relativ spät auf, weil sie sich in der Regel einschleichen. So wird Taubheit zum Beispiel oft mit Altersstarrsinn verwechselt oder die durch die nachlassende Sehkraft verursachte Orientierungslosigkeit mit Demenz gleichgesetzt.

Was sieht der Hund?

Früher hat man angenommen, dass Hunde die Umwelt in Schwarz-Grau-Weiß wahrnehmen. Inzwischen hat die Neurophysiologie herausgefunden, dass sie in der Lage sind, gewisse

Farben zu unterscheiden. Der Hund sieht dichromatisch, der Mensch dagegen trichromatisch. Was bedeutet das? Etwas zu den Grundlagen: Die Netzhaut des Auges enthält umgewandelte, hoch entwickelte Nervenzellen, nämlich die Stäbchen und Zapfen. Stäbchen vermitteln Hell-Dunkel-Eindrücke und sind dabei sehr lichtempfindlich. Zapfen dienen dem Sehen von Farben, wobei unterschiedliche Zapfen beim Trichromaten für die Grundfarben Rot, Grün und Blau empfänglich sind. Daraus bildet das Sehzentrum im Gehirn nach Empfang der elektrischen Signale über den Sehnerv ein reiches Spektrum von Farben. Der Mensch kann damit sehr viele Farbtöne unterscheiden.

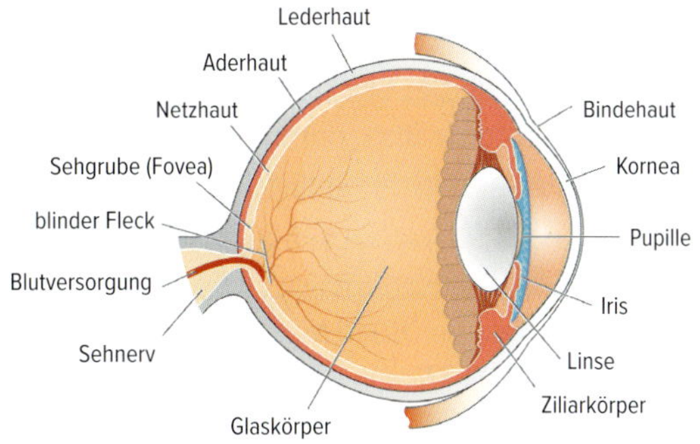

Blamb/shutterstock.com/Blamb

Anatomie des Auges (schematisch). Dieses ist ein Schema vom menschlichen Auge, sieht aber beim Hund ganz ähnlich aus. Oberes und unteres Augenlid sind nicht eingezeichnet. Der Hund besitzt zusätzlich ein drittes Augenlid (sog. Nickhaut). Die Nickhaut kann vom inneren Augenwinkel aus horizontal als Schutz- und Reinigungshaut über die Hornhaut (Kornea) geschoben werden.

Die Netzhaut von Hunden weist besonders viele Stäbchen auf, während das menschliche Auge in etwa fünfmal so viele Zapfen enthält. Die geringere Anzahl der Zapfen in der Netzhaut des Hundes lässt darauf schließen, dass sein Auge eher auf Lichtempfindlichkeit als auf Farbensehen spezialisiert ist. Natürlich wissen wir nicht, wie das Gehirn am Ende wirklich die Farben codiert. Das menschliche Auge enthält drei verschiedene Zapfen für drei verschiedenen Grundfarben. Der Hund hingegen besitzt nur zwei Zapfentypen, übrigens wie die meisten anderen Säugetierarten, zum Beispiel Pferd und Katze.

Das Farbensehen von Hunden wurde durch verschiedene Experimente und Verhaltensstudien erforscht. Dabei kam heraus, dass Hunde Farben in etwa so sehen wie ein Mensch, der

Hundeauge (links) und Menschenauge (rechts) sehen die Farben (rechts oben) unterschiedlich, da es in der Hunderetina nur zwei unterschiedliche Farbrezeptoren gibt (dichromatisches Sehen), der Mensch hat drei (trichromatisches Sehen). Die Mehrzahl der Säugetiere hat nicht 3, sondern nur 2 Zapfentypen und daher dichromatisches Farbensehen. Das Farbenunterscheidungsvermögen ist bei Dichromaten etwas vermindert. Rottöne werden nicht gesehen.

Reshetnikov_art/shutterstock.com

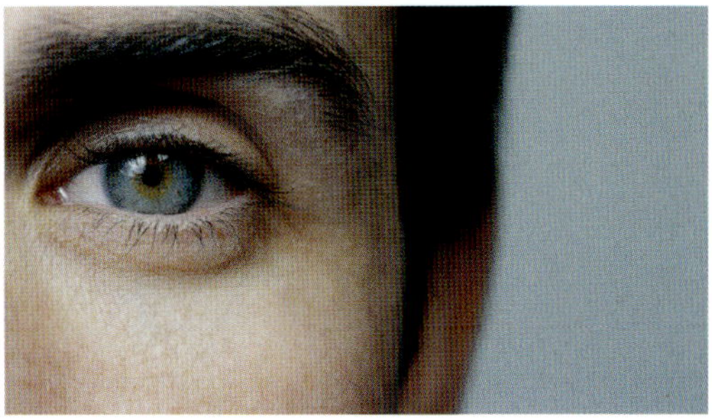

Hquality/shutterstock.com

rotgrünblind ist. Der eine Zapfentyp des Hundes ist empfindlich für Blau, der andere für Gelb. Ein Farbvergleich ist in der Abbildung auf Seite 55 zu sehen. Wir Menschen sehen viel mehr Farbe und Details als unsere Hunde, was aber nicht bedeutet, dass der Hund benachteiligt ist. Der Hund kann in der Dämmerung und auf die Entfernungsich bewegende Objekte besser sehen, was ja bei einem Tier, das bevorzugt in der Dämmerung jagt, durchaus sinnvoll ist.

Augenprobleme

Als weitgehend normal anzusehen ist bei alten Hunden die Nukleosklerose, eine altersbedingte Veränderung des Linsenkerns, die allerdings nicht unbedingt mit einer nachlassenden Sehkraft einhergeht. Beim jungen Hund liegen die Fasern des Linsenkerns parallel zueinander und streuen so kaum Licht. Die Linse wächst aber ein ganzes Leben lang und die neu gebildeten Fasern werden zwiebelschalenähnlich aufeinander gelegt und zum Linsenkern hin komprimiert. Das führt mit der Zeit zu einer vermehrten Reflexion des Lichts. Dadurch verliert die Linse an Transparenz und wird grauer. Dieser Prozess ist aber nicht mit dem grauen Star zu verwechseln, bei dem die Sehkraft nach und nach ganz verloren geht. Der graue Star wird auch als Katarakt bezeichnet. Wie bei einer Kamera sorgt die Linse im Auge für die Lichtbrechung und projiziert, wenn alles funktioniert, ein scharfes Bild auf die Netzhaut. Bei einer Eintrübung der Linse kommt kein Bild mehr auf der Netzhaut an und das Tier erblindet nach und nach.

Oft kompensieren Hunde die nachlassende Sehkraft vor allem in bekannter Umgebung, also zu Hause, unglaublich gut. Erste Veränderungen bemerkt man oft in fremder Umgebung,

Catharina Cordes

Typische Entwicklung (nicht nur) beim alternden Hund (Rasmus, Border Collie, 13 Jahre), die Tränenspur (manchmal auch Tränenflecken). Dieses Phänomen wird durch übermäßigen Tränenfluss der Augen erzeugt. Die Ursache für die Fellverfärbung ist die Oxidation der Mineralien, die von den Tränen auf dem Fell abgesondert werden. Die Tränenspur bedarf der täglichen Säuberung, da sich dort auf diesem Nährboden im Bereich des Auges sehr schnell Bakterien und Pilze ansammeln können. Das kann rasch zu Infektionen des Auges führen, unter Umständen kann sich dies sogar über den Tränennasenkanal auf die Funktion der Nase auswirken. Deswegen läuft z.B. auch die Nase, wenn man weint.

da der Hund orientierungslos wirkt, gegen Gegenstände läuft oder »ins Leere blickt«, wenn man ihn ruft. Auf diese Symptome sollte man auf jeden Fall ein besonderes Augenmerk haben. Auch häufiges Blinzeln, Rötungen, oder Kratzen mit der Pfote sowie eine gesteigerte Lichtempfindlichkeit können Anzeichen für eine Augenerkrankung sein. Wenn man solche Veränderungen an seinem Tier feststellt, ist auf jeden Fall ein Besuch beim Augenspezialisten angesagt! Vielleicht ist es auch nur eine altersbedingte Tränenspur und nicht wirklich pathologisch. Neben dem grauen Star gibt es auch noch den grünen Star (Glaukom), das zwar auch meist erst im Alter von vier bis sechs Jahren oder später auftritt, das aber keine klassische Seniorenkrankheit ist. Beim Glaukom ist der Abfluss für das Kammerwasser gestört; es kommt zu einem erhöhten Augeninnendruck, infolgedessen der Sehnerv geschädigt wird, was zur Erblindung führt.

Die gute Nachricht bei grauem Star: Eine Katarakt ist in der Regel nicht mit Schmerzen für das Tier verbunden. Und noch eine gute Nachricht: Sie lässt sich auch chirurgisch behandeln, indem man die trübe Linse entfernt. Ob man den Hund noch operieren lässt, ist natürlich von seinem sonstigen Gesundheitszustand, seinem Narkoserisiko und der Prognose abhängig. Bei einem fitten Hund würde ich diesen Eingriff durchaus empfehlen, da die Lebensqualität des Hundes durch die neu erstandene Sehkraft signifikant gesteigert wird. Unter Umständen auch die des Halters, denn das Leben mit einem blinden Hund bringt einige Herausforderungen mit sich. So wird hier im Haushalt seit über einem Jahr nichts mehr umgeräumt und penibel auf Ordnung geachtet, denn der kleine blinde Piccolo kommt, solange sich nichts verändert, zu Hause überraschend gut zurecht, aber eben nur solange alles so ist, wie er es in Erinnerung hat. Steht ein Stuhl nicht an seinem Platz, rennt er gegen das Stuhlbein. Liegen Schuhe im Weg herum, stolpert er darüber, und liegt ein Beagle im Weg, gibt es Ärger. Nicht mit mir, aber für den Beagle mit der Piccozei.

Nahaufnahme eines erblindeten Auges eines älteren Labrador Retrievers. Die Nickhaut ist etwas in Richtung Pupille vorgeschoben.

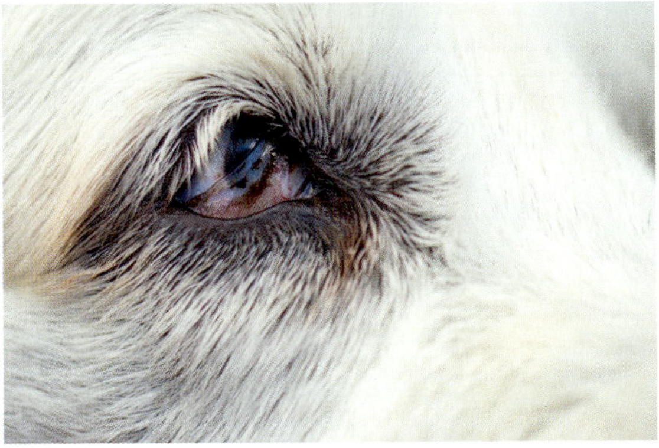

Olga Kurdyukova/shutterstock.com

Und das ist tatsächlich ein Punkt, an dem ich dem Rest der Strodtbeck-Meute sehr dankbar bin: Sie nimmt den alten Mann mit all seinen Macken so an, wie er ist und hat eine große Geduld mit ihm. Wenn er versehentlich mal wieder gegen einen der anderen Hunde läuft oder auf ihn springt, weil er ihn nicht auf der Couch liegen sieht, bleibt mir jedes Mal das Herz stehen, weil ich aus Hundesicht eine kleine Klopperei hier durchaus angemessen fände beziehungsweise nachvollziehen könnte. Aber sie ertragen es und ihn alle mit stoischer Ruhe, schauen nur verwundert, und gehen dann weiter ihres Weges. Dennoch kann es in Mehrhundehaltungen durchaus ein gewisses Management erfordern, damit der Senior nicht auch noch für seine Unfähigkeit auf die Mütze bekommt.

Draußen wird das Ganze wesentlich komplizierter, und weil ich meine (zum Glück noch ganz gut funktionierenden) Augen nicht überall gleichzeitig haben kann und parallel noch den alten, aber kein bisschen ruhigeren Beagle vom Jagen abhalten muss, ist er seit Kurzem immer an einer Flexileine gesichert, um Schlimmeres zu verhindern. Kürzlich (es war im März und schweinekalt) ist er einfach der schwimmenden Rita hinterhergelaufen und fand sich plötzlich in einem Teich wieder. Ausgerechnet er, der Wasser sein Leben lang ungefähr so toll

»Nicht die Jahre in unserem Leben zählen, sondern das Leben in unseren Jahren.«

Adlai Ewing Stevenson II.

fand wie der Beagle die Schleppleine, also gar nicht. Meine Rufe hat er leider auch nicht wahrgenommen, während er als ungeübter Schwimmer panisch immer weiter auf den See hinaus schwamm. Schwimmen ist an dieser Stelle eigentlich schon maßlos übertrieben – er plantschte wild mit allen vieren und versuchte sich über Wasser zu halten. Während ich noch überlegte, ob genug Zeit ist um die Klamotten auszuziehen, oder ob ich direkt hinterherspringen soll, kratzte er im wahrsten Sinne die Kurve und plantschte wieder auf das linke Ufer zu, das er schließlich auch erreichte. Da das »Seepferdchen« in diesem Alter keine adäquate Lösung mehr ist, besteht Plan B in diesem Fall seither aus einem strikten Leinengebot, denn Gefahren lauern für einen kleinen blinden Hund überall.

Apropos Leine: Diese stellte uns erst mal vor ein neues Problem, denn das kleine Pickelchen, seines Zeichens der unkomplizierteste Hund der Welt, war sein Leben lang »offline« und anfangs durch das plötzliche Leinengebot verunsichert. Inzwischen gibt sie ihm Sicherheit und an der Schnur trippelt er draußen immer noch fleißig hinterher. Sollte man also ein ähnliches Exemplar sein Eigen nennen, sollte man den Hund beizeiten an eine Leine gewöhnen.

Wie gut können Hunde hören?

Hunde haben ein beeindruckendes Gehör. Es ähnelt unserem, ist diesem in einigen Belangen jedoch deutlich überlegen. Dies betrifft vor

Anatomie des Ohrs (schematisch). Im Gegensatz zum menschlichen Gehörgang ist der Gehörgang beim Hund um ca. 90 Grad abgewinkelt. Das verdichtet die Schallwellen, wirkt also sozusagen als Verstärker. Ein Nachteil ist, dass die Einsicht z.B. wegen Fremdkörpern, die sich in Richtung Trommelfell bewegen, ohne spezielle Instrumente nicht möglich ist.

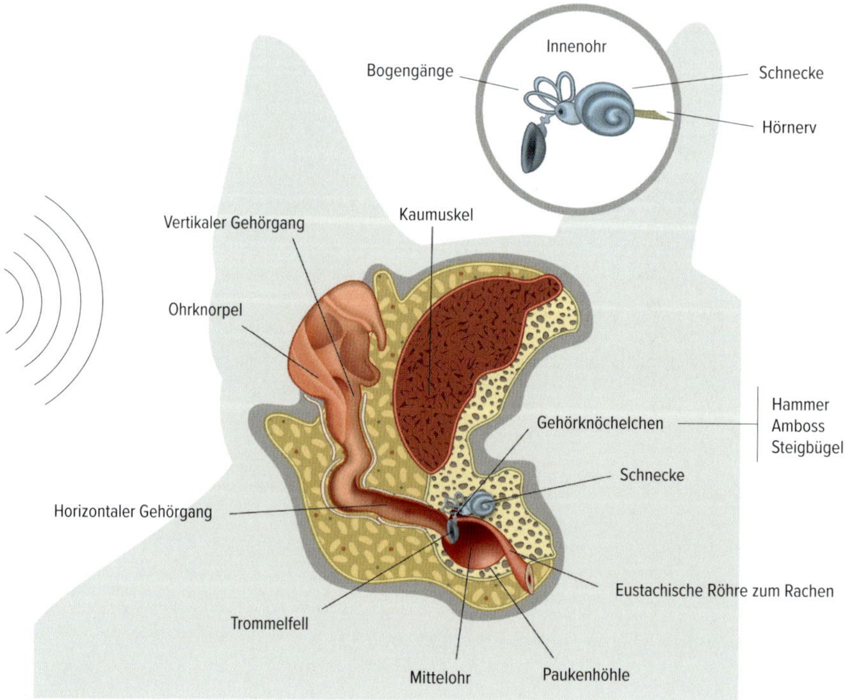

Designifty/shutterstock.com (modifiziert)

Hundeohren sind ja zum Glück nicht nur fürs Gehör da, sondern auch, um dahinter gekrault zu werden.

allem die Fähigkeit, hohe Töne zu hören, Geräusche zu selektieren und eine Geräuschquelle zu orten. Ein Hundeohr ist ähnlich aufgebaut wie unser eigenes Ohr. Es besteht grundsätzlich aus dem Außen-, Mittel- und Innenohr. Über die äußere Ohrmuschel dringen Geräusche durch den Gehörgang ins Innere des Ohrs. Dort treffen sie auf das Trommelfell, welches zum Mittelohr zählt. Die hier aufgefangenen Schallwellen versetzen das Trommelfell in Schwingungen, die ans Innenohr übertragen werden. In Form von Nervensignalen kommt es daraufhin zu einer Weiterleitung der Informationen ans Gehirn. Der gesamte Vorgang findet in Bruchteilen einer Sekunde statt. Der Gehörgang ist im Gegensatz zu dem des Menschen abgewinkelt, was durch Schalldruckerhöhung einen Verstärkereffekt ausüben soll.

Hunde besitzen genau wie der Mensch die Fähigkeit, laute beziehungsweise unwichtige Geräusche auszublenden. Sie können sozusagen selektiv hören (»Partyeffekt«). Egal ob Staubsauger oder Fernseher, wehe der Hausschlüssel klimpert, der Fahrradständer des Postboten quietscht oder der Kühlschrank geht auf, schon stehen sie auf der Matte. Diese Geräusche können sie ohne Probleme herausfiltern und sofort Interesse entwickeln. Abnehmendes Hörvermögen des Seniorhundes kann man oft leicht daran erkennen, dass der Hund plötzlich beim Klang des Futters in der Blechschüssel nicht mehr reagiert. Hunde sind in der Lage, höhere Töne als wir Menschen wahrzunehmen. Während der für uns hörbare Frequenzbereich zwischen 20 und 20.000 Hertz (Hz) liegt, umfasst der von Hunden 15 bis 50.000 und

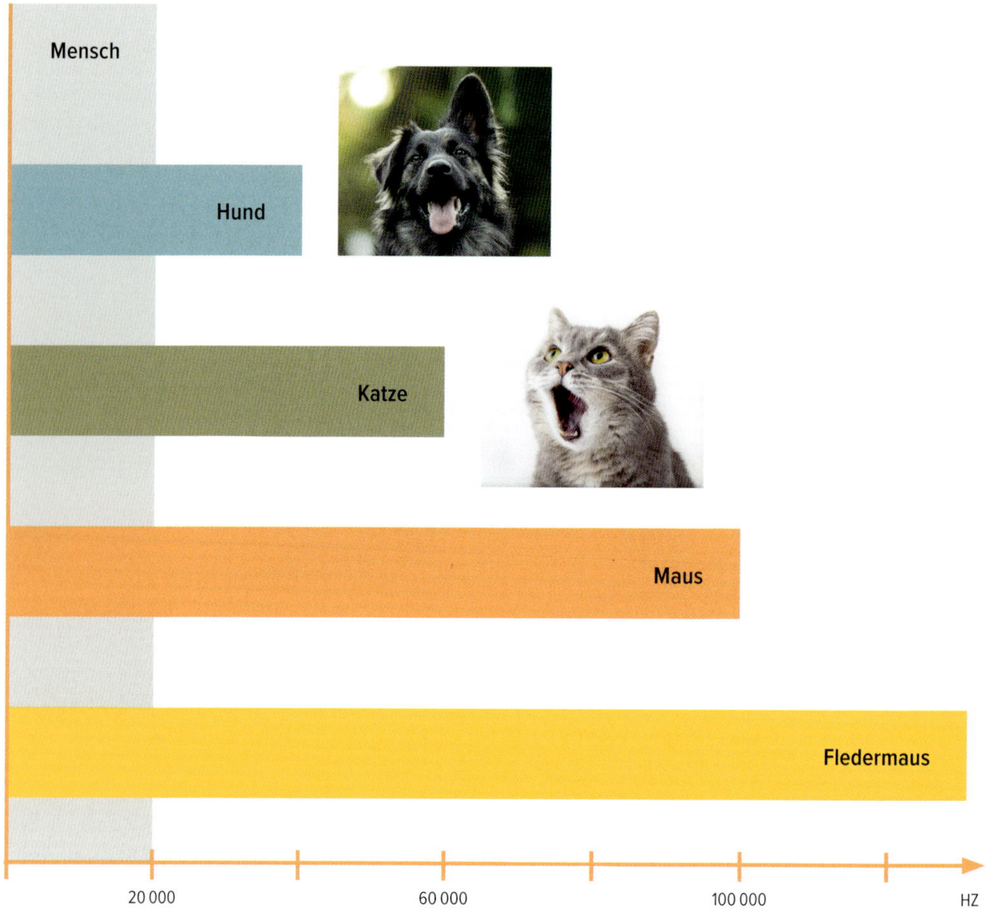

Hörbereich: Mensch, Hund, Katze, Maus und Fledermaus im Vergleich.

xkunclova/shutterstock.com (Hund)
Ekaterina Kolomeets/Shutterstock.com (Katze)

mehr Hertz. Sie können also zum Beispiel die Kommunikation von Mäusen locker erfassen. Mit der Benutzung der Hundepfeife hat man sich diese Fähigkeit zunutze gemacht.

Neben dem größeren Frequenzbereich haben Hunde uns gegenüber noch einen weiteren deutlichen Vorteil. Sie können ihre Ohrmuscheln unabhängig voneinander quasi wie Satellitenschüsseln bewegen. Damit sind vor allem Hunde mit Stehohren in der Lage, Geräuschquellen besser zu orten und »einzufangen«, also quasi stereo zu hören. Siebzehn (!) verschiedene Muskeln kommen hierfür zum Einsatz, während es bei uns nur maximal neun sind. Aber auch Hunde ohne derart bewegliche Ohren können viel besser hören als wir.

Und wie ist es beim Senior?

Auch ein nachlassendes Gehör gehört bei alten Hunden fast schon zur Routine – ab einem gewissen Alter kann man also die auf Hundewiesen häufig gehörte Frage »Hört der?« ganz beruhigt mit »Nein« beantworten. Oft wird eine beginnende Taubheit mit Altersstarrsinn verwechselt, bis einem plötzlich auffällt, dass der Hund zum Beispiel auch keine knisternden Futtersäcke mehr hört, die er vor Kurzem noch über drei Stockwerke wahrgenommen hat. Bei einem Beagle wäre das auf jeden Fall ein deutlicher Hinweis, demnächst mal beim Tierarzt vorbeizuschauen.

Geräusche entstehen über Töne, die als Schwingungen über die Luft übertragen werden. Die Schwingungen nehmen über das Trommelfell den Weg ins Innenohr bis in die Hörschnecke, wo sich die sogenannten Haarzellen befinden. Sie sind mit einer Membran verbunden, die durch die Haarzellen ebenfalls in Schwingungen versetzt wird. Dadurch entsteht ein elektrischer Impuls, der an das Gehirn gesendet wird. Mit zunehmendem Alter nutzen sich nun diese Haarzellen ab und degenerieren. Dieser Prozess ist unumkehrbar und führt zum Verlust des Hörvermögens, vor allem für hohe Töne, da diese im Laufe des Lebens am meisten beansprucht werden. Eine gute Problemlösung bieten hier Vibrationshalsbänder mit Fernbedienung, denn so ist es dennoch möglich, die Aufmerksamkeit des Hundes zu erlangen und – sollte er noch sehen – die Kommandos per Handzeichen zu geben. Bei taubblinden Hunden ist aber auch das keine Problemlösung, weil der Hund nicht mehr sieht, wohin er laufen soll, hier hilft also nur Plan B – Leinenpflicht.

Und die Nase, der Topp-Sinn unserer Hunde? Die Überprüfung des Geruchssinnes beim Hund ist schwierig bis unmöglich, zumindest fehlen aussagekräftige Untersuchungsmethoden. Dennoch schildern viele Halter, dass der Hund im Gegensatz zu früher eine schlechtere Nasenleistung hat, und auch bei Piccolo scheint die Nase mit den Jahren gelitten zu haben. Er findet zum Teil auch ein Stück Wienerle, das vor ihm auf dem Boden liegt, nur nach längerer Suche oder vielleicht nur zufällig. Es wurden aber auch durchaus degenerative Veränderungen im Sinnesepithel und im Riechnerv alter Hundenasen nachgewiesen. Es ist also davon auszugehen, dass sich auch hier Veränderungen bemerkbar machen und die olfaktorische Leistung der Hunde im Alter nachlässt. Aber immerhin ist das der Sinn, dessen Nachlassen uns nasenblinden Menschen im Zusammenleben mit unseren älteren Hunden am wenigsten beeinträchtigt, können wir doch eh nicht in die fantastische Nasenwelt unserer Vierbeiner eintauchen.

Und für das Hören und Sehen gilt, sich ab jetzt »blind und taub« zu verstehen. Das macht das Leben zwar nicht nur für den Hund, sondern auch für den dazugehörigen Menschen komplizierter, aber ab einem gewissen Alter ist es eben an uns, unseren Hunden trotz aller Einschränkungen das Leben so angenehm wie möglich zu gestalten. Und wenn ich den kleinen taubblinden Piccolo anschaue, denke ich, er war bisher auf der Welt, um es mir recht zu machen, und jetzt ist es umgekehrt an mir, es ihm recht zu machen. Und ich hoffe, dass »jetzt« noch ganz lange dauert – ich gebe jedenfalls alles, um ihn gut zu betreuen, das Verletzungsrisiko mit seinen Einschränkungen gering zu halten, und ihm trotzdem noch ganz viel zuzutrauen und ihn sich nicht wie altes Eisen fühlen zu lassen. Das wiederum ist eine Herausforderung für mich, weil ich ihn am liebsten vor sämtlichen Unwägbarkeiten des Lebens beschützen würde, aber ganz genau weiß, dass sich ein lebenslang sehr eigenständiger und auch trittsicherer Hund, wie Piccolo es stets war, wirklich alt fühlen würde, wenn ich ihm nichts mehr zutrauen und zugestehen würde. Auch wenn hier inzwischen alles mit weichen Matten

Catharina Cordes

Kopfschiefhaltung bei Vestibularsyndrom.

ausgelegt ist und ich weiß, dass zum Beispiel eine Fraktur das Ende bedeuten würde, weil das eine OP ist, die ich ihm nicht mehr zumuten würde, lasse ich ihm dennoch einen gewissen Grad an Selbstständigkeit, weil ich weiß, dass auch das für ihn wichtig und mit Lebensqualität verbunden ist. Wir werden unsere Hunde leider nie vor allen Risiken beschützen können – das Leben ist und bleibt einfach ein einziges Risiko, erst recht für einen alten Hund.

4.6 Der große Schwindel – Das Vestibularsyndrom

Das Vestibularsyndrom – fälschlicherweise oft als Schlaganfall bezeichnet – ist eine Störung des Gleichgewichtsorgans im Innenohr, dessen Aufgabe es ist, dem Gehirn die aktuelle Position des Körpers im Raum zu melden und so die räumliche Orientierung zu ermöglichen. Ist dieses System gestört, gerät der Körper im Raum komplett aus dem Gleichgewicht und ist nicht mehr in der Lage, die eigene Stellung zu korrigieren. Da dieses Syndrom vorrangig ältere Tiere betrifft, spricht man vom geriatrischen Vestibularsyndrom oder auch vom idiopathischen Vestibularsyndrom, dessen Ursache degenerative Prozesse sind. Die genauen Auslöser sind bis heute nicht bekannt, vermutet werden unter anderem Durchblutungsstörungen.

Für den Halter bietet sich – je nach Ausprägung – ein erschreckendes Bild: Die betroffenen Hunde zeigen deutliche Koordinations- und

Wissens BOX

- **Nachlassende Sinnesorgane** gehören zum Altern unserer Hunde.
- Gehen Sie **bei nachlassender Orientierung** des Hundes nicht automatisch von Demenz aus, sondern überprüfen Sie, ob Ihr Hund Sie noch sehen und hören kann.
- Augenprobleme sind nie »nur« Altersprobleme, sondern gehören immer von einem **Augenarzt** abgeklärt.
- Bei einem tauben Hund bringt ein **Vibrationshalsband** oft Erleichterung im Alltag.
- Verzichten Sie auf größere Umräumaktionen und lassen Sie nichts auf den **Hundewegen** rumliegen.

Wissens BOX

- Das Vestibularsyndrom ist **kein Schlaganfall**, sondern eine Störung des Gleichgewichtorgans im Innenohr.
- **Typische Symptome** sind Kopfschiefhaltung, schnelle Pupillenbewegungen sowie Koordinations- und Gleichgewichtsstörungen.
- In der Regel ist das Vestibularsyndrom **gut behandelbar**.

Gleichgewichtsstörungen; sie können nicht mehr geradeaus laufen, wirken betrunken und sind stark desorientiert. Typisch ist auch eine deutliche Kopfschiefhaltung sowie schnelle Augenbewegungen zu einer Seite (Nystagmus). Oft zeigen sich Übelkeit, Erbrechen und vermehrtes Speicheln. Die Diagnose ist anhand der Symptomatik in der Regel eindeutig, allerdings sollten Fremdkörper in den Ohren, Ohrentzündungen, Tumore und auch bestimmte Infektionskrankheiten als Differentialdiagnose ausgeschlossen werden.

Ziel der Therapie ist es, die Symptomatik zu mildern; dies gelingt mit Medikamenten gegen die Übelkeit und gegebenenfalls Infusionen zur Durchblutungsförderung. Außerdem brauchen die Hunde Ruhe und eine reizarme Umgebung. Der Halter hingegen benötigt Geduld, denn oft dauert es, bis die Symptomatik sich verbessert. Meist sind die schnellen Augenbewegungen bereits nach einigen Tagen besser und die Symptomatik insgesamt nach spätestens zwei Wochen abgeklungen. In seltenen Fällen und je nach zugrunde liegender Ursache können die Symptome allerdings bestehen bleiben. Oft behalten erkrankte Hunde eine leichte Kopfschiefhaltung zurück, die aber im Alltag keinerlei Einschränkung bedeutet. Insgesamt ist die Prognose also gut, was bei dem schlimmen Bild, das diese Erkrankung beim plötzlichen Auftreten oft mit sich bringt, wichtig zu wissen ist, denn oft denkt man als Halter beim Anblick seines torkelnden und komplett veränderten Hundes schnell ans Abschied nehmen. Das Vestibularsyndrom ist aber stets einen Therapieversuch wert und dieser ist meist erfolgsversprechend.

4.7 Frei von der Leber weg – Lebererkrankungen

Die Hauptaufgabe der Leber besteht darin, die im Darm resorbierten Nährstoffe zu verstoffwechseln und gleichzeitig entstehende Giftstoffe abzubauen. Sie regelt den Fett-, Eiweiß- und Zuckerstoffwechsel, speichert und stellt Vitamine her und fördert mit den von ihr hergestellten Gallensäuren den Abbau von fetthaltiger Nahrung im Darm. Die Aufgaben im Einzelnen:

Fettstoffwechsel

Die Leber entzieht dem Blut Fette, welche in den Leberzellen gespeichert werden können. Benötigt der Körper Energie, werden diese Fettdepots wieder in Energie umgewandelt.

Zuckerstoffwechsel

Mithilfe des in der Bauchspeicheldrüse produzierten Hormons Insulin können Zuckermoleküle in Form von Glykogen in der Leber gespeichert werden. Verbraucht der Körper vermehrt Energie, können die Glykogenreserven in Zucker umgewandelt und dem Körper wieder zur Verfügung gestellt werden.

Eiweißstoffwechsel

Die Leber kann überschüssige Aminosäuren (Bausteine für Proteine) nicht speichern und baut diese zu Ammoniak um. Dabei entstehen über Umwege wieder Kohlenhydrate, die wieder als Glykogen gespeichert werden können, und Ammoniak. Da dieses giftig ist, muss es in Harnstoff umgewandelt werden, welcher anschließend über den Harn ausgeschieden wird.

Gerinnungsfaktoren

Nicht zuletzt spielt die Leber auch für die Blutgerinnung eine wichtige Rolle, weil sie die sogenannten Gerinnungsfaktoren produziert. Die Leber erfüllt also wichtige Funktionen im Hundekörper – und wenn sie erkrankt, sollten Sie das frühzeitig erkennen und gegebenenfalls einen Tierarzt aufsuchen. Vielfältig wie die Aufgaben der Leber sind auch die Symptome bei einer Lebererkrankung. Nachfolgend die häufigsten Krankheitsanzeichen einer Lebererkrankung beim Hund. Viele davon treten allerdings erst bei fortschreitender Erkrankungsdauer auf:

- Allgemeine Symptome: Leistungsschwäche, Fressunlust, Verhaltensänderungen, Fieber
- Magen-Darm-Beschwerden:
  Erbrechen, Durchfall, Gewichtsverlust, Vergrößerung des Bauchumfangs
- Gelbfärbung der Schleimhäute (Gelbsucht)
- Ansammlung von Flüssigkeit im Bauchraum
- Erhöhte Blutungsneigung
- Muskelzuckungen und Krämpfe

Diagnostik

Eine Blutuntersuchung gibt einen ersten Aufschluss über den Zustand der Leber. Daneben können anhand von Leberfunktionstests der Gehalt an Ammoniak, Gallensäuren oder Gerinnungsfaktoren bestimmt werden. Da auch ein Tumor oder andere Gewebeveränderungen ursächlich für Leberprobleme sein können, sollten bei Bedarf auch bildgebende Verfahren wie Röntgen, Ultraschall oder Computer- und Magnetresonanztomografie eingesetzt werden. In manchen Fällen macht auch eine Gewebeprobe aus der Leber Sinn, um eine genaue Diagnose zu erhalten.

Therapie

Die Therapie einer Lebererkrankung beim Hund ist natürlich von der genauen Diagnose abhängig. Neben der Akuttherapie sollte die Leber auf jeden Fall durch ein sogenanntes Leberschutzpräparat unterstützt werden. Hierzu eignen sich zum Beispiel S-Adenosyl-L-Methionin oder Mariendistelpräparate. Auch eine spezielle Leberdiät macht bei betroffenen Hunden Sinn.

Die Leber ist zum Glück ein Organ mit großer Regenerationsfähigkeit, sodass man erhöhte Leberwerte oft mit geeigneten Maßnahmen wieder ins Lot bringt, wenn kein Tumor, eine irreversible Leberzirrhose oder Ähnliches dahintersteckt.

Regelmäßige Herzuntersuchungen sollten im Alter zur Routine werden.

4.8 Ein Herz auf vier Beinen – Herzerkrankungen

Schätzungen zufolge leiden zwischen 50 und 60 % aller Hunde über zehn Jahren an einer Erkrankung der Herzklappen (Endokardiose). Hauptsächlich sind kleine bis mittelgroße Hunde davon betroffen. Vermutlich spielt auch eine genetische Disposition eine Rolle (zum Beispiel beim Dackel, Zwergpudel oder Yorkie).

Bei einer Endokardiose verändern sich die Herzklappen, sie schwellen an und bekommen Knötchen an ihren Rändern. Durch diese Veränderungen schließen sie nicht mehr richtig und ein Teil des Blutes strömt rückwärts, quasi in die falsche Richtung. Bei den meisten Alten mit einer Endokardiose ist es die Mitralklappe, die nicht mehr richtig schließt. Diese trennt den linken Vorhof von der linken Herzkammer, sodass bei einer Mitralklappeninsuffizienz ein Teil des Blutes zurück in den linken Vorhof fließt. Hierdurch kann es zu einem Flüssigkeitsstau in der Lunge kommen, der wiederum Atembeschwerden und Husten zur Folge hat – bekannt auch als »Herzhusten«, der vor allem nachts, nach Freude, Aufregung oder Belastung auftritt.

Um dennoch ausreichend Blut in den Kreislauf zu pumpen, erhöht das Herz irgendwann die Herzfrequenz, schlägt also häufiger. Gleichzeitig werden zur Erhöhung der Herzfrequenz die Blutgefäße für die weniger (lebens-)wichtigen Organe und Gewebe weniger durchblutet, um die Blutversorgung der lebenswichtigen Organe, wie des Gehirns, der Nieren und

natürlich des Herzens selbst zu gewährleisten. Außerdem hält der Organismus auch Salze (und infolgedessen Wasser) zurück, um das Blutvolumen zu erhöhen und den Blutdruck zu steigern. Die vermehrte Flüssigkeit in den Blutgefäßen belastet aber nun das geschwächte Herz zusätzlich. Infolge wird die linke Herzkammer ausgeweitet, das Herz vergrößert sich und führt zu einer vermehrten Belastung des Herzens bei gleichzeitig schlechterer Versorgung desselben. Zu Beginn kompensieren Hunde das noch gut, mit zunehmender Krankheitsdauer treten aber deutliche Symptome einer Herzschwäche auf.

Die Endokardiose ist nicht heilbar, aber gerade in den letzten Jahren wurden große Fortschritte bei der Diagnostik und der Therapie von Herzerkrankungen bei Hunden erzielt, sodass je nach Erkrankungsstadium, allgemeinem Gesundheitszustand und konsequenter Therapie ein betroffener Patient durchaus noch gute und aktive Jahre voller Lebensqualität erleben kann. Darum ist es wichtig, die Symptome zu kennen und zu erkennen, um rechtzeitig in die Therapie einzusteigen. Bei diesen Symptomen sollte der Tierarzt baldmöglichst aufgesucht werden:

- Schnelle Ermüdbarkeit, keine Lust auf Spaziergänge oder andere Aktivitäten: Hunde mit Herzerkrankungen schlafen oft viel und sind auch tagsüber müde.
- Kurzatmigkeit, Atemnot nach Anstrengungen, Hustenanfälle. Hier hilft zur Objektivierung das Messen der Atemfrequenz.
- Nächtliche Unruhe
- Appetitmangel (schlechter Appetit/Abmagerung): Hunde, die Probleme mit dem Herzen haben, fressen oft nicht mehr gerne, da das Futter im Magen auf das Herz und die Lunge drückt und sie dann noch schlechter Luft bekommen.

Einen guten Anhaltspunkt bietet auch die Messung der Atemfrequenz (Atemzüge / Minute). Zur Bestimmung misst man – analog zum Menschen – wie oft der Hund in 15 Sekunden ein- und ausatmet und multipliziert den Wert mit vier. Ein normaler, gesunder Hund hat eine Atemfrequenz von unter 30, kleinere Hunde haben eine höhere Atemfrequenz als große. Wenn die Atemfrequenz ansteigt, ist das ein Indikator für ein Herzproblem und sollte dringend beim Tierarzt abgeklärt werden.

Im Anfangsstadium einer Herzklappenerkrankung (Grad I) zeigen die Hunde übrigens in der Regel noch keine offensichtlichen Symptome. Meist wird die Krankheit durch einen Zufallsbefund beim Abhören festgestellt, da bei einer Klappeninsuffizienz Herzgeräusche durch den Rückfluss an den undichten Klappen entstehen. Therapeutische Maßnahmen sind bei Grad I meist noch nicht nötig, aber spätestens jetzt sollte bei einem betroffenen Hund auch noch mal das Gewicht kritisch hinterfragt und gegebenenfalls die Fütterung angepasst werden, da jedes Gramm zu viel das Herz zusätzlich belastet. Auch bei Grad II sind in Ruhe keine Symptome feststellbar, allerdings ermüden betroffene Hunde bei normaler körperlicher Aktivität sehr schnell, es kommt zum Herzrasen und zur Kurzatmigkeit. Grad III ist unter Umständen in Ruhe auch noch unauffällig, aber hier führt bereits geringste Aktivität zu Herzrasen, Ermüdung und Kurzatmigkeit. Bei Grad IV treten Herzrasen und Atemnot auch in Ruhe auf.

Leider wird sich der Gesundheitszustand auch bei einem »Grad-I-Hund« früher oder später verschlechtern. Hier spielt die Früherkennung eine wichtige Rolle: Je früher man eine solche Verschlechterung entdeckt und je eher man therapeutisch eingreift, desto besser sind die Aussichten. Die Endokardiose ist zwar leider nicht heilbar, aber mithilfe von Medikamenten in der Regel gut einzustellen, sodass sich die Lebensqualität und die Lebenserwartung deutlich verbessern. Um die mit den Jahren zu erwartende Verschlechterung rechtzeitig zu erkennen und gegensteuern zu können, sollten Hunde mit Herzgeräusch mindestens zweimal jährlich gründlich untersucht werden (inklusive Herzultraschall).

Natürlich sollte auch ein herzkranker Hund nach wie vor angemessen und angepasst bewegt werden – ohne ihn zu überfordern. Zu Beginn der Erkrankung gibt es kaum Einschränkungen, wenn man das Wohl des Vierbeiners im Blick behält. Sollte der Hund vermehrt Hecheln oder Ermüdungsanzeichen zeigen, muss das natürlich berücksichtigt und eine Pause eingelegt werden. Dies gilt jedoch hauptsächlich für späteren Stadien der Erkrankung. Je weiter die Erkrankung fortschreitet, desto kürzer werden die Spaziergänge wohl oder übel werden, dennoch spielt natürlich weiterhin die Lebensqualität des Hundes eine wichtige – wenn nicht die wichtigste – Rolle. Wie immer gilt es also abzuwägen und stets zu hinterfragen, ob der erkrankte Hund das in diesem Umfang noch leisten kann.

Neben der bereits erwähnten Reduktion des Gewichts bei Übergewicht, das eine massive Mehrarbeit für das sowieso angeschlagene Herz bedeutet, kann auch die Unterstützung über Nahrungsergänzungsmittel Sinn machen. Bestimmte Omega-3-Fettsäuren (Eicosapentaensäure und Docosapentaensäure) aus Fischölen haben entzündungshemmende Effekte und sollen, zumindest beim Menschen, auch über blutdrucksenkende Eigenschaften verfügen. Auch sollte – analog zum Menschen – das Kochsalz reduziert werden, was bedeutet, dass der Herzpatient keine salzigen Nahrungsreste oder salzhaltige Leckerlis mehr bekommen sollte.

Wissens BOX

- **Herzerkrankungen** sind bei alten Hunden **sehr häufig**.
- Beim Auftreten von **Leistungsschwäche, Herzhusten, Kurzatmigkeit** sollte auf jeden Fall der Tierarzt aufgesucht werden.
- Die **Ruheatemfrequenz** gibt einen guten Aufschluss über die Herztätigkeit.
- Jährliche **Ultraschalluntersuchungen** gehören bei betroffenen Hunden dazu.
- Die Lebensqualität und -dauer betroffener Hunde lässt sich durch eine **passende Medikation** deutlich steigern.

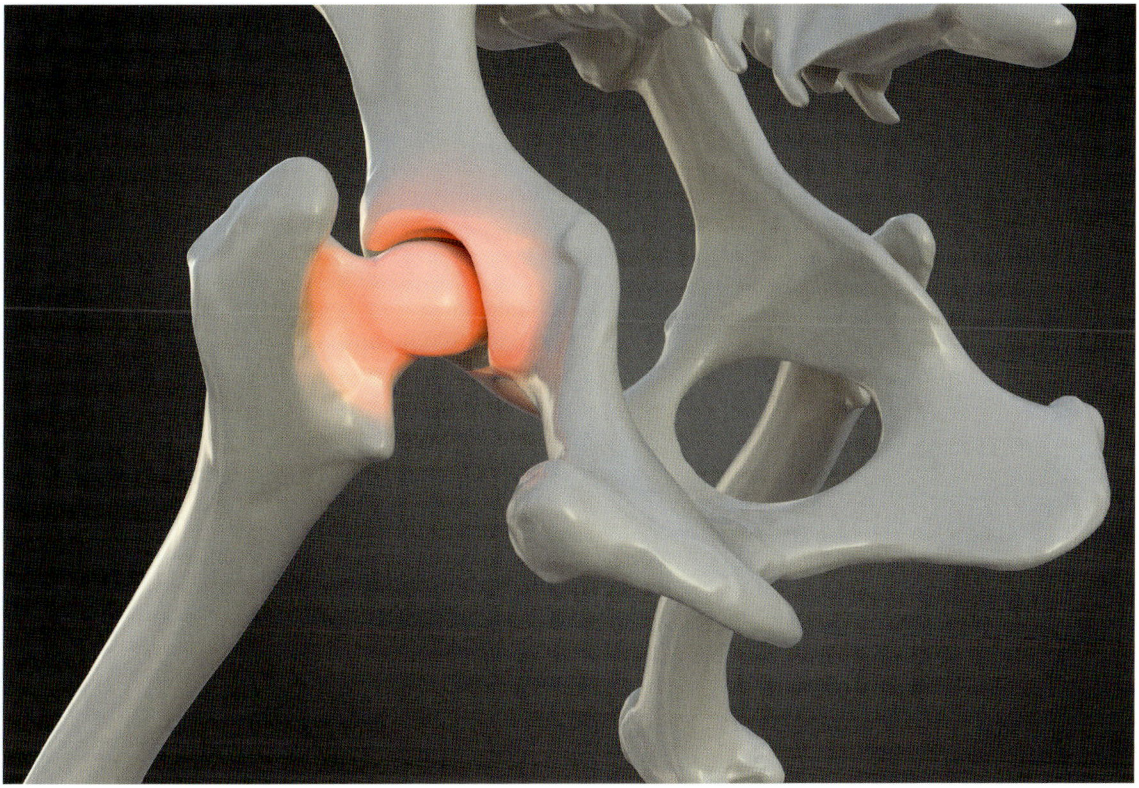

Monika Wisniewska/Shutterstock.com

Modell eines entzündeten Hüftgelenks.

4.9 Von knirschenden Knochen – Arthrosen und Bewegungsapparat

Auch unter Hunden ist die Arthrose eine wahre Volkskrankheit. Vor allem ältere Hunde sind betroffen, da der Gelenkknorpel im Alter weniger elastisch und belastbar ist. Es handelt sich hierbei um eine verschleißbedingte Schädigung des Gelenkknorpels, der in gesundem Zustand das »Polster« des Gelenks bildet. Gleichzeitig funktioniert die Gelenkflüssigkeit in der Gelenkkapsel wie »Schmiere« und gewährleistet so die reibungslose Bewegung am Knorpel. Sie versorgt den Knorpel mit Nährstoffen und sorgt damit für seine Elastizität. Bei einer chronischen Arthrose verändert sich der schützende Knorpel, gleichzeitig nimmt die Gelenkschmiere ab, da es zu einer verminderten Produktion von Gelenkflüssigkeit kommt, womit es dem Gelenkknorpel an aufbauenden Nährstoffen fehlt und das Gelenk nicht ausreichend geschmiert wird. Der Knorpel wird brüchiger, ist nicht mehr glatt, verhärtet und baut sich schließlich ab, sodass nun Knochen auf Knochen reibt. Wie schmerzhaft das ist, kann sich vermutlich jeder vorstellen.

Prädisponierende Faktoren für eine Arthrose sind Überbelastung, angeborene Gelenksmissbildungen, wie die Hüftgelenks- oder Ellbogendysplasie, oder auch Kreuzbandrisse, die oft eine Instabilität oder Fehlstellung des Gelenks nach sich ziehen.

Zu den Arthrose verursachenden Faktoren können ferner zählen: falsche Ernährung und starke/falsche Gelenkbeanspruchung (vor allem im Wachstum), falsche Medikamente, Operationen am Gelenk und natürlich Übergewicht, das zu einer unnötigen Überbelastung des Bewegungsapparats führt.

Die Arthrose ist eine schubweise fortschreitende Erkrankung, die zu zunehmend unbeweglichen Gelenken, steifem Gang und Lahmheiten führt. Deutlich zu erkennen ist oft der Rückgang der Muskulatur an betroffenen Gliedmaßen (Muskelatrophie), die auf die schmerzbedingte Schonhaltung zurückzuführen ist. Die Symptomatik variiert, so spielt zum Beispiel auch das Wetter oft eine Rolle. Viele Hunde tun sich besonders nach dem Aufstehen schwer und laufen sich dann zunehmend ein, manchmal sind nur bestimmte Bewegungen schmerzauslösend, andere Hunde sind nicht einmal im Liegen schmerzfrei. Oft lassen sich die Tiere zum Beispiel an Rücken, Beinen oder der Hüfte nicht mehr anfassen und drohen sogar bei Berührungen, weil sie diese als massiv schmerzhaft empfinden. Sollten Sie also einen zunehmenden Berührungsunwillen, zunehmende Bewegungsunlust oder einen steifen Gang bei Ihrem Vierbeiner feststellen, tun Sie das nicht als normales Verhalten eines alten Hundes ab, sondern stellen Sie ihn unbedingt Ihrem Tierarzt vor, denn chronische Schmerzen bedeuten auch für den Hund eine massive Einschränkung der Lebensqualität.

Dem oft gehörten Argument »aber ich dröhne den Hund doch nicht dauerhaft mit Schmerzmitteln voll« sei an dieser Stelle entgegengesetzt,

Mit Arthrosen, wie hier besonders deutlich am Ellbogen eines 14-jährigen, adipösen Retrievers zu sehen, schlägt sich fast jeder alte Hund früher oder später rum.

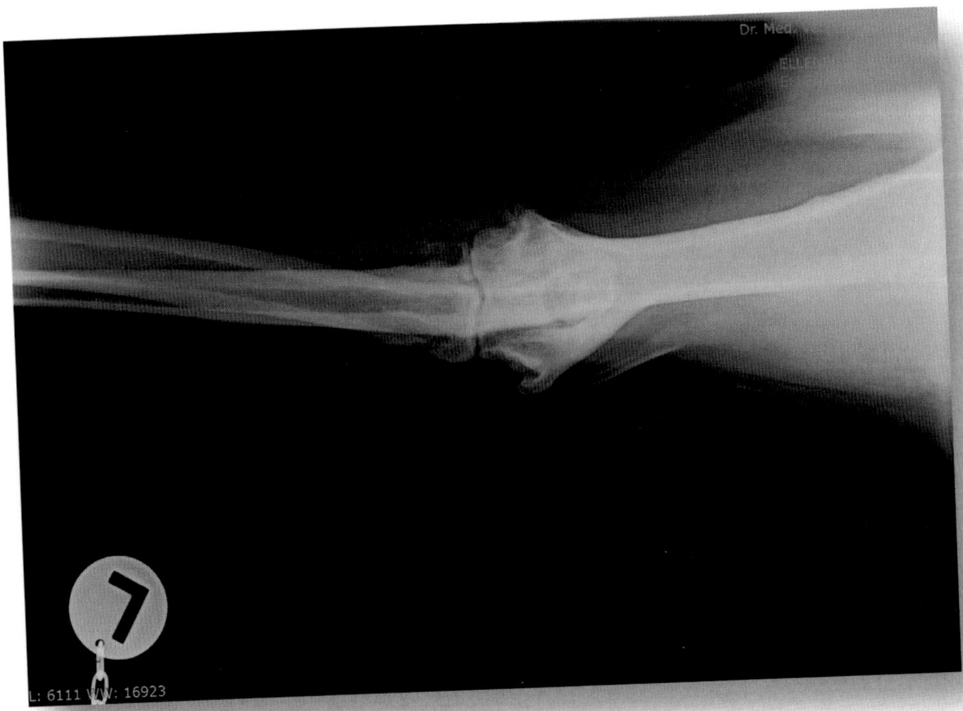

Wissens **BOX**

- Die Arthrose ist eine degenerative Gelenkerkrankung, bei der es mit zunehmender Lebensdauer zu vermehrten Abnutzungserscheinungen am Gelenkknorpel und zur Abnahme der Gelenkschmiere kommt.
- Oft treten die Symptome wetterabhängig unterschiedlich stark auf.
- Betroffene Hunde haben Anlaufschwierigkeiten, laufen sich aber oft ein.
- Eine adäquate Schmerzmedikation ist neben unterstützenden Maßnahmen wie z.B. Physiotherapie unerlässlich.
- Wer rastet, der rostet – mit Schonung tut man dem arthrosegeplagten Hund keinen Gefallen. Vielmehr ist angemessene Bewegung notwendig, um die Gelenksfunktion aufrecht zu erhalten.

dass es inzwischen gut verträgliche Schmerzmittel für Patienten mit individuellen Problemen gibt, sodass sich stets ein geeignetes und gut verträgliches Präparat finden wird. Große Hoffnung macht im Zusammenhang mit Arthroseschmerzen ein relativ neuer caniner monoklonaler Antikörper gegen einen Nervenwachstumsfaktor, der an der Entstehung osteoarthrosebedingter Schmerzen beteiligt ist. Lassen Sie sich von Ihrem Haustierarzt beraten, um Ihrem alten Vierbeiner das Leben so angenehm und schmerzfrei wie möglich zu gestalten, denn am Ende muss das Ziel stets die Lebensqualität, nicht die Lebensquantität sein.

Weitere Möglichkeiten der Linderung sind – falls notwendig – eine Reduktion des Körpergewichts, ein bequemer Schlafplatz, z.B. auf einem orthopädischen Hundebett, sowie unterstützende Physiotherapie. Ein ganz wichtiger Punkt ist die adäquate Bewegung der Patienten: Wer rastet, der rostet! Regelmäßige, aber leichte und angemessene Bewegung trägt zum Muskelerhalt bei, lindert schmerhafte Verspannungen und hält durch die Bewegung des Gelenks die Produktion von Gelenkflüssigkeit aufrecht.

4.10 Auf die faule Haut gelegt? – Hautprobleme

Bei unseren betagten Hunden können sich Veränderungen an der Haut (flächenmäßig neben dem Darm das größte Organ) genauso wie beim Menschen (Farage *et al.* 2008) einstellen. Neben trockener Haut und einzeln auftretenden Pigmentflecken (die bei Auffälligkeiten vom Tierarzt angeschaut werden sollten, um sie von eventuellen Melanomen abzugrenzen) kann der Hund auch Pigment verlieren (heller werdende Nase beim Labrador) oder »Alterswärzchen« entwickeln, die in der Regel harmlos sind, aber bei plötzlichen Veränderungen ebenfalls angeschaut und abgeklärt werden sollten. Trockene und schuppige Haut ist ein Problem vieler alter Hunde. Abhilfe können regelmäßige Fellpflege, feuchtigkeitsspendende Spezialshampoos oder auch Nahrungsergänzungen schaffen, wie beispielsweise Fischöl oder Bierhefeflocken. Auch neigen die Nasen von alten Hunden oft dazu auszutrocknen sowie rau und spröde zu werden. Es kann helfen, den Nasenspiegel regelmäßig mit Bepanthen, Melkfett oder Ähnlichem einzucremen (bitte darauf achten, ein für den Hund geeignetes und nicht parfümiertes Präparat zu verwenden!) und die Raumluft etwas anzufeuchten. Ständiger Zugang zu frischem Wasser sollte sowieso selbstverständlich sein.

Prinzipiell kann jede Umfangsvermehrung der Haut auch ein gefürchteter Mastzelltumor sein, ein Tumor des blutbildenden Systems. Mastzellen sind an Immun-, Allergie- und Entzündungsreaktionen beteiligt. Mastzelltumore treten gerne an Gliedmaßen, aber auch überall sonst am Körper auf. Eine deutliche Rassedisposition besteht für Boxer: Laut einer Statistik der Tierklinik Hofheim sind 25 % aller betroffenen Patienten Boxer. Da ein frühzeitiges Erkennen, wie bei anderen Tumoren auch, ein entscheidender Faktor für die Prognose ist, sollte man Hautveränderungen immer untersuchen lassen – nur durch Adspektion (Anschauen) ist eine Diagnose nicht möglich. Dafür bringt eine Feinnadelaspirationsbiopsie (FNA), bei der mit einer dünnen Kanüle Zellen aus der Veränderung genommen und histologisch untersucht werden, Aufschluss. Eine FNA ist in der Regel ohne Narkose möglich. Sollte sich der Verdacht bestätigen, hängt die Prognose vom genauen Grad des Tumors und der Möglichkeit, den Tumor weitflächig zu entfernen ab (empfohlen werden drei Zentimeter Abstand zum veränderten Hautbereich), aber bei vollständiger Entfernung im Gesunden ist sie in der Regel gut.

Davon abzugrenzen sind harmlose, aber bei alten Hunden weit verbreitete Lipome, gutartige Tumore des Fettgewebes, die nur entfernt werden müssen, wenn sie durch ihre Lokalisation oder Größe störend sind. Ansonsten stellen sie nur einen kleinen Schönheitsfehler dar. Des Weiteren kann sich durch Vermehrung oder Verminderung der Talgdrüsenaktivität der Körpergeruch des Hundes (unter Umständen stark wahrnehmbar) verändern, das heißt man bemerkt, dass der Seniorhund anders riecht als früher.

Da generell auch das Immunsystem der Haut zu schwächeln beginnt, können Ohrentzündungen bei alten Hunden verstärkt auftreten. Natürlich gilt das nicht für jeden Seniorhund, aber derartige Entzündungen müssen in jedem Fall behandelt werden. Vermehrtes Schütteln und Kratzen sowie auffälliger Geruch im Bereich der äußeren Gehörgänge können ein Hinweis auf einen entzündlichen Prozess sein. Auch kann sich ein kleiner Hautkratzer oder eine Hautwunde viel schneller infizieren. Zudem kann durch die geschwächte Hautbarriere die Hautflora nicht nur bakteriell erkranken, sondern sich auch zugunsten der (im gewissen Umfang normal vorkommenden) Hefepilze (Malassezien) in den Ohren oder an größeren Hautbereichen verändern. Sogenannte Hotspots können aber in jedem Alter auftreten.

Der Seniorhund kann auch Hormonstörungen bekommen. Eine spontan entwickelte erhöhte Produktion von Cortisol (Cushing-Syndrom, Hyperadrenocortizimus, Hypercortisolismus) kann neben unspezifischen Symptomen wie erhöhter Wasseraufnahme und vermehrtem Urinabsatz sowie ständigem Heißhunger zu einer deutlichen Umfangszunahme am Bauch (Stammfettsucht, Hängebauch) sowie Muskelschwund führen und mitunter auch die typischen Hautveränderungen zeigen. Die Haut

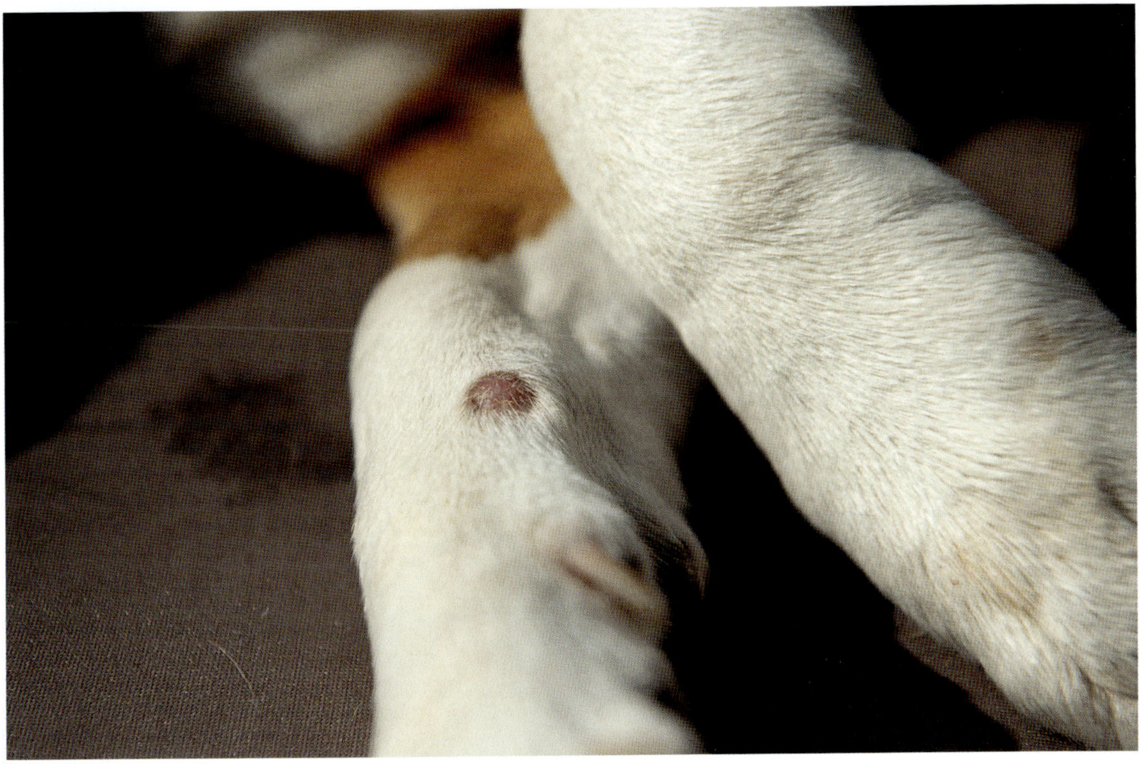

Jede noch so harmlose Umfangsvermehrung kann auch ein Tumor sein. In diesem Fall hatte Meier Glück und es war eine gutartige Veränderung.

wird sehr dünn und kann eine fleckenförmige Ansammlung von Pigment entwickeln (dunkle Haut) und im äußersten Fall auch verhärtete Hautstellen aufweisen, die durch eine vermehrte Einlagerung von Kalzium entstehen (sog. *Cutis calcinoses*). Darüber hinaus kann es zu ausfallendem Haarkleid entlang des Rückens sowie an der Rute (»Rattenschwanz«) und der Rückseite der Hinterbeine kommen. Kompletter Haarausfall kann ebenfalls vorkommen, meist aber bleiben Kopf und Pfoten verschont. Nicht alle hier genannten Symptome treten immer gleichzeitig auf.

Auch bei der häufigsten Hormonerkrankung des Hundes, der Schilddrüsenunterfunktion (Hypothyreose), kann es zu symmetrischem Haarausfall kommen. Zudem kann das Fell stumpf und brüchig sein oder es kommt zu einer generalisierten Hautveränderung in Form von übermäßiger Fett- und Talgproduktion.

Bei nicht kastrierten Rüden (v.a. bei kryptorchiden Hoden) kann sich im Alter ein Hodentumor (Sertolizelltumor) entwickeln, der Östrogene bildet und so zu einem meist symmetrischen Haarausfall führt (oft am Hals, auch am Rumpf und in der Region zwischen After und Hoden). Das ist aber natürlich kein Grund, den mit zwei Hoden ausgestatteten Rüden prophylaktisch kastrieren zu lassen, denn nicht bei jedem Rüden tritt dieser Tumor auf. Es ist aber allemal ratsam, die Hoden, vor allem älter werdender Rüden, regelmäßig anzuschauen und abzutasten. Falls dabei ein deutlicher Größenunterschied beider Hoden auffallen sollte oder ein Hoden härter erscheint, sollte der Hund sofort einem Tierarzt vorgestellt werden. Ist der Rüde ein Kein- oder

Einhoder, ein sogenannter Kryptorchide, sollte der in der Bauchhöhle oder Leiste verbliebene Hoden regelmäßig mithilfe eines Ultraschalls kontrolliert werden.

4.11 Kein Humor mit dem Tumor – Krebserkrankungen beim Hund

Wie bereits zu Beginn des Buches erwähnt, werden Tumorerkrankungen bei Hunden in verschiedenen Studien als häufige oder gar die häufigste Todesursache identifiziert. Das ist auch nicht weiter verwunderlich, denn die Lebenserwartung von Hunden ist in den letzten Jahrzehnten signifikant gestiegen und das Risiko für die meisten Tumorarten steigt im Alter.

Ausgelöst wird die Tumorbildung durch eine Mutation eines oder mehrerer Gene, was entweder spontan oder durch krebserregende Stoffe wie Abgase, Pestizide, Herbizide oder auch Sonnenlicht passiert. Diese Mutationen sind normal, bis zu 4000 davon finden täglich im Körper statt. Ein gesundes Immunsystem erkennt und eliminiert diese mutierten Zellen, aber weil auch ein Immunsystem nicht perfekt ist, entwickelt sich manchmal eine Immuntoleranz, sprich das Immunsystem akzeptiert dann die entarteten Zellen anstatt sie zu bekämpfen, und diese vermehren sich nun unkontrolliert.

Je älter ein Hund ist, desto höher ist die Wahrscheinlichkeit für spontane Mutationen. Je älter ein Hund ist, desto länger war er auch kanzerogenen, also krebserregenden Stoffen ausgesetzt. Hinzu kommen oft genetische Dispositionen: So sind beispielsweise Boxer und Berner Sennenhunde besonders oft von

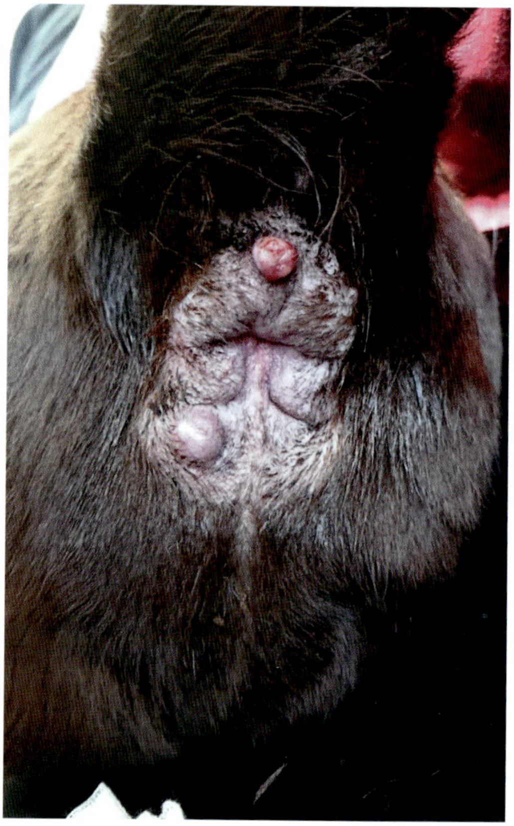

Die Perianaltumore des Hundes sind zwar vergleichsweise unbekannt, aber gar nicht so selten.

Tumorerkrankungen betroffen. Aber nicht jeder Tumor ist bösartig, viele alte Hunde bekommen auch gutartige (benigne) Tumore wie etwa Lipome (Fettgeschwulste), die – solange sie durch ihre Größe nicht stören – keinerlei Probleme verursachen. Anders bei den bösartigen (malignen) Tumoren, die schnell wachsen, in das umliegende Gewebe infiltrieren oder metastasieren, also streuen. In diesem Fall wandern die Tumorzellen über das Blut oder das Lymphsystem in andere Gewebe und Organe ein und bilden dort Tochtergeschwulste (Metastasen). Auch beim Hund sind hiervon oft die Leber, die Lunge oder die Nieren betroffen.

Wehret den Anfängen!

Die vier tödlichsten Wörter in der Onkologie sind »Let's just watch it«, denn prinzipiell gilt: Zeit ist die wichtigste Waffe im Kampf gegen den Krebs. Früherkennung rettet auch beim Hund Leben! Darum ist es so wichtig, den Hund regelmäßig genau anzuschauen und abzutasten, um immerhin von außen erkennbare Tumore frühzeitig zu entdecken. Allerdings sind Tumore erst tastbar oder durch bildgebende Verfahren (Röntgen, Ultraschall, CT) darstellbar, wenn bereits mehr als eine Millionen Zellen verändert sind.

Symptome?

Typische Symptome einer Tumorerkrankung gibt es leider nicht beziehungsweisesind die Symptome oft unspezifisch und können auch bei einer Reihe anderer Erkrankungen auftreten. Dennoch sollte man bei folgenden Veränderungen zeitnah einen Tierarzt konsultieren:

Anormale Umfangsvermehrungen

Eine Schwellung durch Verletzung, Insektenstich oder Infektion bildet sich im Gegensatz zu einem Tumor innerhalb einiger Tage wieder zurück. Wächst die Umfangsvermehrung weiter, ist das stets ein Alarmzeichen und es sollte auf jeden Fall eine Biopsie (Gewebeprobe) oder eine sogenannte Feinnadelaspiration durchgeführt werden, denn nur so kann eine exakte Diagnose gestellt werden. Hierbei werden einige Zellen mit einer dünnen Kanüle entnommen und untersucht, was in der Regel keine Narkose erfordert.

Gewichtsverlust

Eine Gewichtsreduktion, obwohl der Patient normalen Appetit hat, kann ein Hinweis auf eine Tumorerkrankung sein, da Tumore einen großen Energiebedarf haben und auch Organe befallen können, die am Stoffwechsel beteiligt sind.

Appetitverlust

Vor allem Tumore im Magen-Darm-Trakt, in der Leber oder den Nieren beeinträchtigen oft den Appetit, sodass Hunde Gewicht verlieren, weil sie nicht mehr ausreichend fressen.

Schlecht heilende Wunden

Hautkrebs kann Wunden ähneln beziehungsweise stellt er sich oft als schlecht heilende Wunde dar, so zum Beispiel beim Plattenepithelkarzinom weißer Hunde. Eine Hautbiopsie kann hier Klarheit schaffen und zur frühzeitigen Diagnose führen.

Blutungen oder andere Ausscheidungen aus Körperöffnungen

Zeigt ein Hund spontane Blutungen, ist das natürlich immer ein Warnsignal, aber auch hier kann ein Tumor der Auslöser sein. Nasenbluten oder Nasenausfluss können ein Hinweis auf ein Tumorgeschehen in der Nase oder den Nasennebenhöhlen sein, ebenso kann blutiger Ohrenausfluss einen Hinweis geben. Darmkrebs führt oft zu blutigem Kot oder Blutungen aus dem Anus und blutiger Scheidenausfluss bei der Hündin (außerhalb der Läufigkeit!) kann ein Symptom von Gebärmutterkrebs sein, aber auch auf einen Tumor in der Blase hinweisen. Analog dazu sollte man auch bei blutigem Speichel an einen möglichen Tumor in der Maulhöhle denken.

Unangenehmer/veränderter Geruch

Vor allem bei großen, teilweise schon nekrotischen Tumoren, aber auch bei Tumoren der Schleimhäute kann ein extrem unangenehmer Geruch entstehen. Dass Tumore prinzipiell den Körpergeruch verändern, zeigen wiederum Hunde, die in der Lage sind, verschiedene Tumore wie Blasen- oder Lungenkrebs beim Menschen erschnüffeln.

Probleme beim Fressen und Schlucken

Bei derartigen Problemen sollte immer auch an einen Tumor gedacht werden. So können zum einen Tumore in der Maulhöhle oder im Rachenraum direkt Probleme bereiten, zum anderen führen vergrößerte Lymphknoten bei einem Lymphom (Lymphdrüsenkrebs) oder die Metastasierung anderer Tumore in die Lymphknoten im Halsbereich zu Schluckbeschwerden. Über kurz oder lang entsteht auch hier ein Gewichtsverlust.

Atemprobleme, Bewegungsunlust und mangelnde Ausdauer

Verschiedene Tumore entstehen direkt in den Atemwegen (Nase, Rachen, Kehlkopf, Luftröhre, Lunge) oder metastasieren in die Lunge, was natürlich die Atmung erschwert und zur schnellen Ermüdung führt. Andere Krebsarten führen über eine Blutarmut (Anämie) zur Atemnot, weil nicht mehr genug Sauerstoff im Blut transportiert wird. Auch bei einem geplatzten Milztumor (40 % aller abdominalen Tumore sind Milztumore und der rupturierte Milztumor ist eine sehr häufige Todesursache beim Hund) kommt es zur Atemnot, weil große Mengen Blut in die Bauchhöhle verloren gehen.

Steifheit und anhaltende Lahmheiten

Dies wird man in einem gewissen Ausmaß bei so gut wie jedem alten, arthrosegeplagten Hund feststellen, es kann sich aber auch um ein Osteosarkom (Knochenkrebs), einen sehr bösartigen Tumor handeln. Eine Röntgenuntersuchung gibt Aufschluss.

Die Prognose

Natürlich kann auch eine Vielzahl anderer Symptome durch einen Tumor verursacht werden, abhängig von Art und Lage des Tumors. Auch die Prognose ist abhängig von der Art und der Lage des Tumors, aber natürlich auch von der Dignität (maligne oder benigne), dem Grad der Metastasierung, dem Wachstum (gut abgekapselt oder ins umliegende Gewebe hineinwachsend) und der Differenzierung (der Grad der Abweichung von gesunden Zellen).

Aufschluss über den Feind gibt, wie gesagt, eine Gewebeprobe. Bei bösartigen Veränderungen sollten auf jeden Fall auch die Lunge geröntgt und die inneren Organe mittels Ultraschall untersucht werden, um Aufschluss über eventuell bereits bestehende Metastasen zu bekommen. Auch die regionalen Lymphknoten sollten auf Metastasierungen hin untersucht werden.

Hier über die verschiedenen Tumorarten des Hundes zu schreiben, würde den Rahmen sprengen. Prinzipiell können Hunde leider fast alle Tumore bekommen, die auch beim Menschen auftreten. Aber auch die onkologischen Therapien stehen denen der Humanmedizin inzwischen in kaum mehr etwas nach. Welche Therapie man gerade einem alten Hund noch zumutet, ist neben der Prognose sicherlich auch von der Konstitution des Tieres, seinem Alter, seiner Resilienz und seinen sonstigen Erkrankungen abhängig.

Die Therapie

Der Weg, den man wählt, kann entweder kurativ oder palliativ sein, insbesondere bei einem alten Hund. Die kurative Therapie hat die vollständige Heilung zum Ziel, bei der palliativen Behandlung (abgeleitet vom lateinischen Wort *palliare*, zu Deutsch »mit einem Mantel umhüllen«) geht es nicht mehr um Heilung, sondern darum, dem Patienten trotz der Erkrankung eine gute Lebensqualität, Schmerzlinderung und noch eine gute Zeit zu verschaffen. Für viele alte Hunde ist eine gute palliative Versorgung sicherlich weniger belastend als der Versuch der Heilung.

Wofür man sich entscheidet, ist eine sehr individuelle Entscheidung, bei der der Tierarzt zwar beratend zur Seite steht, der Hundehalter aber am Ende ganz alleine für sich und seinen Hund entscheiden muss.

Meine alte Beaglehündin Andra hatte mit 14 Jahren ein Rezidiv eines bereits ein Jahr vorher operativ entfernten bösartigen Tumors am Knie. Der dazu befragte Onkologe meinte, dass sie ohne Operation noch circa drei Monate, mit Operation ein gutes halbes Jahr und mit Operation und anschließender palliativer Bestrahlung in ihrem Alter eine normale Lebenserwartung hätte. Ich lehnte sofort kategorisch ab, einen vierzehnjährigen Hund noch einer Bestrahlung zu unterziehen – um bereits auf dem Heimweg aus dem Auto heraus einen Termin für OP und Bestrahlungen auszumachen. Andra war zwar vierzehn, aber ansonsten fit und hatte alle bisherigen OPs ihres Lebens ausgesprochen gut weggesteckt. Und was soll ich sagen? Andra wurde siebzehn und erfreute sich bis kurz vor Schluss bester Lebensqualität – alles richtig entschieden! Die Bestrahlung war für sie übrigens wenig belastend. Sie marschierte die vier Male freudig in die Klinik, bekam eine Kurnarkose, und eine halbe Stunde später konnte ich sie wach wieder mit nach Hause nehmen. Das Stressigste an der ganzen Therapie waren tatsächlich die jeweils dreistündigen Fahrten in die Klinik, aber das auch mehr für mich als für das Beaglechen. Mein Resümee ist, dass ich bei entsprechender Prognose jederzeit wieder einen Hund bestrahlen lassen würde und allen Lesern an dieser Stelle die Angst davor nehmen möchte. Eine Chemotherapie hätte ich ihr allerdings nicht mehr zugemutet, auch wenn diese in der Regel von Hunden ganz gut vertragen wird.

Auch Meier, der ja immer übertreiben muss, hat in den letzten drei Jahren eine ganze Litanei an Tumoren gesammelt, darunter Karzinome, Fibrosarkome, Mastzelltumore und ein Adenom der Nebenschilddrüse – kleiner kann es der Beagle einfach nicht. Inzwischen vermute ich ja, dass er ursprünglich aus Tschernobyl kommt ... Aber alle konnten bisher dank frühzeitigem Entdecken im Gesunden entfernt werden und auch bei Meier habe ich keine dieser Operationen bereut. Wie ich bei ihm beim Auftreten von Rezidiven oder neuen Tumoren (es gibt ja noch einige, die in seiner Sammlung fehlen) entscheiden werde, kann ich heute noch nicht sagen. Ich werde es einfach wie bisher machen und auf Experten und mein Herz hören und hoffen, weiterhin keine Entscheidung bereuen zu müssen.

4.12 Canine kognitive Dysfunktion (CCD)

Die wachsende Anzahl geriatrischer Patienten in der Tierarztpraxis zeigt, dass Hunde nicht nur bei körperlichen Erkrankungen vorgestellt werden, sondern zunehmend auch wegen altersbedingten Verhaltensänderungen. Diese können sich beispielsweise durch vermehrte-Unruhe, veränderte Schlafgewohnheiten, Orientierungslosigkeit, verringerte-Lernbereitschaft und schlechter werdende Gedächtnisfähigkeiten äußern. Solche das Gehirn betreffenden altersbedingten Erscheinungen müssen von anderen organischen Ursachen abgegrenzt werden.

So könnte man Piccolo aufgrund seiner Orientierungslosigkeit und teilweise gesteigerten Unruhe auf den ersten Blick auch eine beginnende Demenz unterstellen, allerdings ist beides seiner fast kompletten Taubblindheit geschuldet – die Orientierungsschwierigkeiten sind ohne funktionierende Augen und Ohren wohl selbsterklärend. Die Unruhe ist darauf

Auch der alte Hund kann noch etwas lernen.

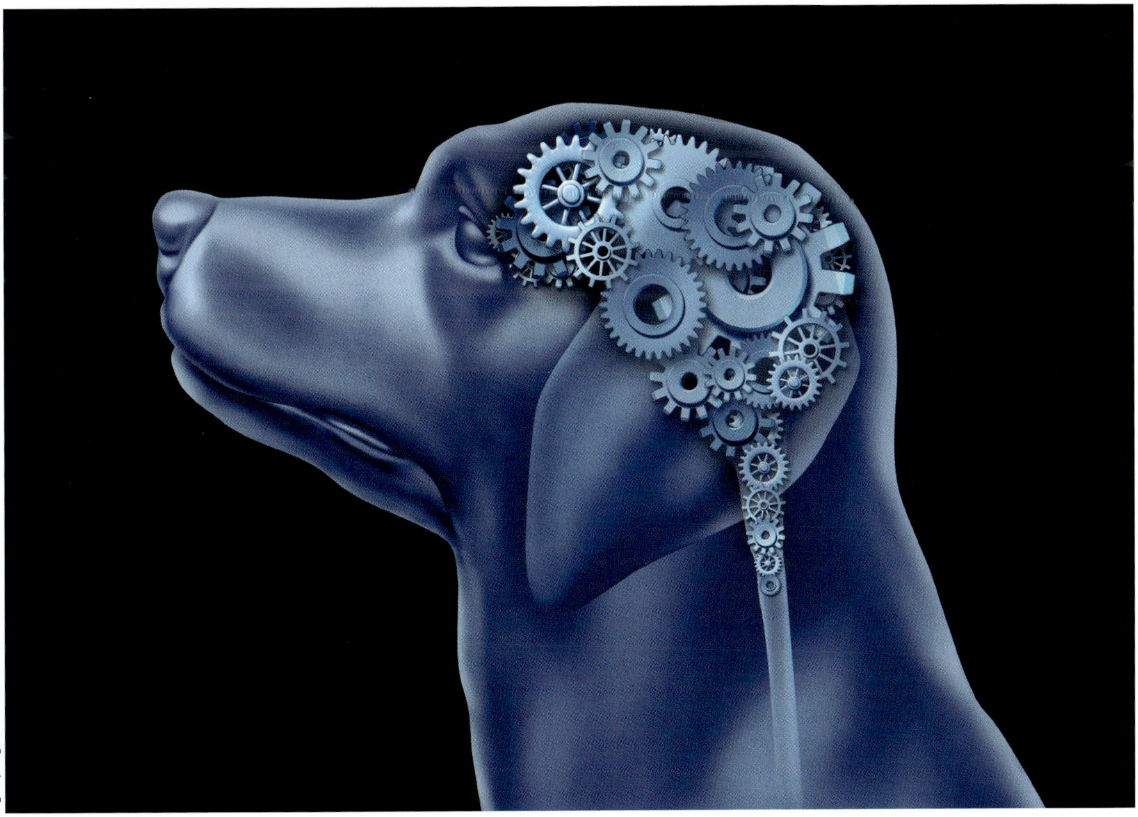

Lightspring/shutterstock.com

Jonas, ein fast 13-jähriger, in Ehren ergrauter Whippet-Rüde.

zurückzuführen, dass er mich suchen geht, sobald er vermutet, dass ich nicht mehr da bin. Von einer normalen »Alterstüddeligkeit« abgesehen, ist er tatsächlich kognitiv noch voll auf der Höhe und kann sowohl alte Kommandos abrufen, wenn ich zu ihm durchdringe, wie auch neue Dinge lernen.

Eine der senilen Demenz beim Menschen entsprechende Erkrankung ist beim Hund das kognitive Dysfunktionssyndrom. Es kann wie beim Menschen durch einen steten Verlauf zu einer starken Beeinträchtigung der kognitiven Fähigkeiten führen. Die hierfür verantwortliche Ablagerung von Plaques im Gehirn wird beim Hund vergleichbar zum an Alzheimer erkrankten Menschen beobachtet. Die Folgen der Erkrankung schränken Hund wie Mensch gleichermaßen ein. Eine Heilung ist nicht möglich.

Über die Häufigkeit des Vorkommens der kognitiven Dysfunktion unseres Haushundes gibt es aus verschiedenen Studien unterschiedliche Angaben. Eine italienische Studie fand bei über sieben Jahre alten Hunden bei über 70 % Anzeichen für ein kognitives Dysfunktionssyndrom (Osella *et al.* 2007). In einer Studie aus den USA zeigten nur 28 % der Hunde im Alter von elf bis zwölf Jahren, dagegen 68 % der Hunde im Alter von 15 bis 16 Jahren Anzeichen für ein kognitives Dysfunktionssyndrom (Neilson *et al.* 2001). Da zu den genetischen Ursachen noch keine umfangreichen Studien vorliegen, kann bislang nicht ausgeschlossen werden, dass bestimmte Rassen und Geschlechter von der Erkrankung stärker betroffen sind. Laut einer Studie aber sind Hündinnen sowie kastrierte Tiere häufiger betroffen als Rüden oder intakte Tiere (Azkona *et al.* 2009).

Auch Frauen haben nach der Menopause ein höheres Risiko, an Demenz zu erkranken, als Männer. Als Grund wird der Östrogenspiegel vermutet. In den fruchtbaren Jahren haben Frauen höhere Östrogenspiegel als nach der Menopause, und auch Männer, deren Testosteron in Östrogen umgewandelt wird, haben ausreichend Östrogen zur Verfügung. Im Gehirn hat das weibliche Sexualhormon, das die Blut-Hirn-Schranke überwinden kann, einen neuroprotektiven Effekt, schützt also die Nervenzellen. Vermutet wird, dass es die Bildung der Plaques verhindert. Außerdem regt Östrogen die Nervenzellen an, sich weiter und stärker zu verzweigen. Östrogene scheinen also eine Art interner Jungbrunnen zu sein.

Bei Hunden, die bereits 75 bis 80 % ihrer Lebenserwartung erreicht haben und damit als geriatrisch anzusehen sind (Dodman *et al.* 1984), sollte ein verstärktes Augenmerk auf klinische Symptome gelegt werden. Je früher man diese Erkrankung erkennt, desto früher kann man therapeutisch noch eingreifen. Gleichzeitig aber ist die Erkennung der kognitiven Dysfunktion nicht immer ganz einfach und die gesicherte Diagnose wäre nur durch bildgebende Verfahren wie MRT möglich. Bewährt hat sich in der Praxis aber, sich aufkommende Anzeichen frühzeitig vom Hundehalter genau beschreiben zu lassen, oder besser noch, auch Videos anfertigen zu lassen. Die klinischen Zeichen können sodann in fünf Gruppen von **Leitsymptomen** eingestuft werden:

Lost in Space – verloren in Zeit und Raum

Der Hund zeigt **Desorientiertheit**, das bedeutet, er wirkt verwirrt, kann sich im Raum nicht mehr so gut orientieren und erkennt vertraute Personen oder bekannte Gegenstände nicht mehr zuverlässig. Beispielsweise kann man nicht zielgerichtetes bis hin zu rastlosem Umherwandern, ins Leere starren beobachten. Ein Klassiker ist sicherlich der Hund, der in einer Zimmerecke steht und den Ausgang nicht mehr findet, wenn man ihn ihm nicht zeigt. Oft stellen Halter auch fest, dass der Hund, der sein Leben lang an der rechten Seite der Terrassentüre, die sich nach links aufschieben lässt, stand wenn er rauswollte, plötzlich an der anderen Seite, also in dem Fall links steht. Oder der arthrosegeplagte Senior kämpft sich mühsam die Treppe hoch, steht dann aber oben und hat vergessen, was er eigentlich wollte. Der Hund vergisst, was er gerade machen wollte und reagiert auf bekannte Orte oder Reize insgesamt unsicherer.

Aber auch die Orientierung in der Zeit geht verloren; es bestehen Veränderungen im **Schlaf-Wach-Rhythmus** in Form von längeren und/oder tieferen Schlafenphasen tagsüber und entsprechend längeren Wach- und Unruhephasen in der Nacht. Jeder, der sein Schlafzimmer schon einmal mit einem Laminat- oder Parkettboden und einem dementen Hund mit seniler Körbchenflucht geteilt hat, weiß an dieser Stelle, wovon ich rede. Das »Dönertier« (mein alter, türkischer »Mülltonnenhund«) pflegte im letzten Lebensjahr (mit 13) nachts um zwei einen Steppkurs in meinem Schlafzimmer zu veranstalten und stand nachts um drei regelmäßig vor meinem Bett und wollte raus, weil sie ab da der Meinung war, dass wir das schon immer so gemacht haben. Ließ ich sie in den Garten, musste sie nicht, sondern steppte weiter und wollte weiter raus. Manchmal war ich als »Co-Demenzkranke« ganz froh, wenn die Nacht endlich vorbei war.

Verantwortlich für die senile Körbchenflucht ist das Stresshormon Cortisol aus der Nebennierenrinde, welches der Gegenspieler des Schlafhormons Melatonin ist. Hat man Stress, weil eine unmittelbare Gefahr droht, macht es Sinn, dass die Stresshormone für Wachsamkeit und Alarmbereitschaft sorgen. Steckt man hingegen im Dauerstress und hat einen dauerhaft erhöhten Cortisolspiegel, ist diese Wachheit kontraproduktiv: Man beziehungsweise Hund kann nicht mehr schlafen. Schlafentzug ist wiederum ein großer Stressor für den gesamten Organismus (und nicht umsonst auch eine Foltermethode) und so kommt es schnell zu einem Teufelskreis. Der Cortisolspiegel alter Hunde ist zwar nicht *per se* erhöht, aber fast immer finden sich auch beim Hundesenioren schmerzhafte Prozesse wie beispielsweise Arthrosen, die Schmerz und damit Stress verursachen, oder die Sinnesorgane lassen nach und der Hund hat häufiger Stress, weil er vieles in seiner Umwelt nicht mehr oder zu spät mitbekommt und dadurch vermehrt erschreckt. Und nicht zuletzt reguliert die Schilddrüse im Alter ganz physiologisch den Stoffwechsel, passt ihn den aktuellen Gegebenheiten an. Das sorgt dafür, dass das Cortisol länger im Körper verbleibt, bevor es abgebaut wird. Und solange vermehrt Cortisol im Körper im Umlauf ist, sind sowohl wir als auch unsere Hunde vermehrt auch durch Stressoren gestresst, die wir normalerweise gar nicht wahrnehmen. Und dieser Stress führt dann zu einem Melatoninmangel und damit zu Ein- und Durchschlafproblemen.

Ein Weg, den Hund wieder zum Durchschlafen zu bringen, liegt also in der Reduktion seiner Stresshormone. Hilfreich kann zum Beispiel eine Entspannungsmassage vor dem Schlafengehen sein, da sie einen wichtigen Gegenspieler der Stresshormone stärkt, nämlich das Bindungshormon Oxytocin, das netterweise auch durch Berührungen produziert wird. Außerdem freut sich ein alter, schmerzender Körper sicherlich über eine Massage. Auch kann man versuchen, Pheromone einzusetzen, das Zitzensuchpheromon der laktierenden Hündin (*Dog Appeasing Pheromone*, DAP) hat auch auf viele alte Hunde, so sie denn eine gute Welpenstube hatten, einen beruhigenden und Stress senkenden Einfluss. Auch Nahrungsergänzungsmittel auf Tryptophanbasis können hilfreich sein. Sie erhöhen den Spiegel des natürlichen »Stimmungsausgleichers« Serotonin, aus dem bei Dunkelheit Melatonin produziert wird. Nicht zuletzt kann man auch versuchen, den Melatoninspiegel direkt durch die Gabe von Melatonin anzuheben. Selbstverständlich sollte man auch sicherstellen, dass der Hund keine Schmerzen hat, die seinen Stress steigern und gegebenenfalls auch einen Blick auf seine Schilddrüsenwerte werfen.

Kennen wir uns?

Durch Veränderungen bei der **Interaktion** und im Sozialverhalten mit Personen und Tieren können eine verminderte Kommunikation sowie verzögerte oder fehlende Reaktionen beobachtet werden. Beispielsweise wird der Besitzer beim Nachhausekommen nicht mehr so ausgiebig wie gewöhnlich begrüßt, dahingegen kann der Hund aber in anderen Situationen mehr Kontakt zum Besitzer als früher suchen. Durch veränderte Kommunikation mit

»Ich will hier nur sitzen!« Das Aktivitätslevel alter Hunde lässt nach.

den anderen Hunden im Haushalt kann es zu Missverständnissen bis hin zu aggressivem Verhalten kommen. Sollte das der Fall sein, ist der Halter besonders gefragt, Konflikte vorauszusehen und zu vermeiden oder zu lösen. Auf erlernte Ansprachen oder bisher gut abrufbare Kommandos reagiert der demente Hund verzögert oder gar nicht mehr.

Vom Ausscheiden und Aufschieben

Das zuvor erlernte Ausscheidungsverhalten, also die **Stubenreinheit**, geht verloren, das heißt Kot- und Urinabsatz findet immer häufiger in den eigenen vier Wänden statt. Dazu sucht der Hund anfangs eventuell abgeschiedene Ecken auf, kann die Ausscheidungen aber auch auf dem eigenen Schlafplatz zeigen.

Die **Aktivitäten** des Hundes sind weniger zielgerichtet, z.B. anhaltendes Ablecken des Besitzers, und vielmehr ziellos oder stereotyp, zum Beispiel planloses Umherwandern. Die Futter- und Wasseraufnahme kann vermehrt und/oder vermindert sein. Für manche Senioren wird Futter zum einzigen Lebensinhalt, andere hingegen vergessen es schlichtweg und müssen während des Fressens daran erinnert werden.

Analog zur Demenz beim Menschen kann es auch beim Hund zu einer erhöhten Reizbarkeit/Aggression kommen, aber erfahrungsgemäß ist das beim Hund zum Glück ein eher vernachlässigbares Symptom, da meist hinter einer gesteigerten Aggressivität im Alter Schmerzen oder eine andere Grunderkrankung stehen, als dass sie ein reines Symptom der Demenz sind.

Wichtig ist eine regelmäßige Überprüfung der beobachteten klinischen Anzeichen durch den Tierarzt hinsichtlich ihrer Veränderung im Zeitverlauf und in der Intensität. Wenn mindestens das erste Leitsymptom mit einem weiteren oder mehreren klinischen Zeichen kumuliert und regelmäßig beobachtet wird, kann der Verdacht auf eine Erkrankung bestehen. Selbstverständlich müssen im Vorfeld und regelmäßig begleitend immer wieder andere organische Ursachen mittels allgemeiner Untersuchung und weiterer Diagnostik überprüft und ausgeschlossen werden, wie Schmerzen, eine Schilddrüsenunterfunktion, nachlassende Sinnesorgane etc. Aufgrund eines für gewöhnlich unaufhaltsamen Verlaufs des kognitiven Dysfunktionssyndroms sind die therapeutischen Möglichkeiten begrenzt. Metaphylaktisch hat sich aber die Kombination aus verhaltenstherapeutischen, diätetischen und pharmakologischen Maßnahmen *in praxi* bewährt, um zumindest das Voranschreiten des Krankheitsverlaufs etwas zu verlangsamen. Hierbei gilt noch mal: Das frühzeitige Handeln ist entscheidend!

Es gibt immer Möglichkeiten zur Verbesserung des Umfeldes

Mit kombinierten und an den Gesundheitszustand des Hundes angepassten körperlichen und geistigen Stimuli kann die Kognition des

Dummy-Arbeit fördert die Geruchs-, Gehirn- und Koordinationsleistung. Viele andere Körperfunktionen werden auch gestärkt.

Catharina Cordes

geriatrischen Hundes durchaus stabilisiert oder gar verbessert werden. Hierfür kann man dem Hund beispielsweise ihm bisher unbekannte Orte für einen Spaziergang mit neuen Eindrücken wie beispielsweise anderen Gerüchen oder auch Bodenuntergründen bieten oder in heimischer Umgebung neue kleine Übungen präsentieren und sogar antrainieren. Dass der Senior keinen Handstandüberschlag mehr machen sollte, versteht sich von alleine, aber es gibt genug Übungen und Aufgaben, die auch alte Hunde noch problemlos meistern können. Vor allem, wenn der Hund dabei Freude und Erfolg empfindet, kann dieses die Interaktion mit dem Besitzer neu stärken. Erkrankte Hunde sind durchaus weiterhin für Spielzeug, Körperkontakt in Form von Streicheln oder leichten Massagen sowie leckere Belohnungen sehr zu begeistern.

Ausprobieren lohnt sich immer! Nicht im Widerspruch hierzu stehen gewisse Routinen und Rituale, die für ein stabiles Sicherheitsgefühl des Hundes beibehalten werden sollten. Hilfestellungen, die den Alltag des Hundes in der häuslichen Umgebung verbessern, sind ratsam in Form von erleichterten Zugängen zu Ressourcen und in der Vermeidung von Stolperfallen und schlimmeren Unfallgefahren sowie dem Festlaufen in Ecken. Auch spontanes Wohnungsumräumen ist mit einem Seniorhund tabu.

Diätetika/Nutrazeutika

Es gibt speziell für ältere Hunde konzipierte Diätfuttermittel und Nahrungsergänzungen, zum Beispiel in Form von Antioxidantien (Vitamine C und E, Selen), B-Vitaminen, Arginin und ungesättigten Fettsäuren. Diese können auch in Form von Obst und Gemüse (wenn der Hund es denn mag), Bierhefe und Leinöl zugegeben werden. Da es einen deutlichen Zusammenhang zwischen Diabetes und Demenz gibt, kann ein ungestörter Glukosemetabolismus hilfreich sein. Ketone, die in mittelkettigen Fettsäuren (MCT) enthalten sind, können bei fehlender Glukose im Notfall die Gehirnaktivität aufrechterhalten und dem Risiko für Demenz vorbeugen. Die gesättigten Fettsäuren kommen vor allem in Kokosfett, Palmöl und Butter vor.

Pharmakologische Therapie und andere Behandlungsmöglichkeiten

Ein für den Hund bei kognitiver Dysfunktion einsetzbares und gut wirksames Medikament ist der Wirkstoff Selegilin. Dabei handelt es sich um einen selektiven Monoaminooxidasehemmer, der die Wiederaufnahme des Neurotransmitters Dopamin in den präsynaptischen Raum hemmt und unabhängig davon zusätzlich als freier Radikalfänger dopaminerge, cholinerge und noradrenerge Nervenzellen schützt.

Auch Ginkgo biloba kann bei caniner kognitiver Dysfunktion Linderung bringen. In einer klinischen Studie bekamen 42 ältere Hunde (Durchschnittsalter 11,4 Jahre), die bereits seit mindestens einem Jahr geriatrische Verhaltensänderungen zeigten, acht Wochen lang ein Extrakt aus Ginkgoblättern. Die Dosierung war 40 mg/10 kg Körpergewicht. Die Ausprägung der klinischen Alterserscheinungen besserte sich in dieser Studie signifikant, erste Verbesserungen waren bereits nach vier Wochen bemerkbar. 36 % der Hunde waren nach den acht Wochen frei von Symptomen. Die Gesamtwirksamkeit der Therapie wurde durch die

Wissens BOX

Die kognitive Dysfunktion ist eine beim Menschen entsprechende senile Demenz, die zunehmend und unheilbar zum Verlust der kognitiven Fähigkeiten des Hundes führt. **Klinische Anzeichen** hierfür sind:

- Desorientiertheit
- veränderte Interaktion mit Besitzer, Hunden und Umwelt
- Veränderungen im Schlaf-Wach-Rhythmus
- Verlust der Haus- bzw. Wohnungsreinlichkeit
- Veränderungen hinsichtlich der Aktivität

Die Erkrankung sollte möglichst früh erkannt werden, um den fortschreitenden Verlauf mit **flankierenden Maßnahmen** zu verlangsamen. Hierzu zählen:

- Verbesserung des Umfeldes
- Diätetische und nahrungsergänzende Futtermittel
- Medikamentelle Therapie

Prüftierärzte bei 79 % der Hunde als gut oder sehr gut beurteilt. Fünf der sechs klinischen Scores (Desorientierung, Schlaf-Wach-Rhythmus, Verhaltensänderungen, Allgemeinverhalten und Allgemeinbefinden/ Vitalität) verbesserten sich während der Therapie ebenfalls signifikant. Somit scheint auch Ginkgo das Potential zu haben, die Lebensqualität von dementen Hunden und ihren Haltern deutlich positiv zu beeinflussen (Reichling et al. 2006).

Eine verbesserte Durchblutung des Gehirns und oftmals auch vorübergehende Besserung kann durch den Wirkstoff Propentofyllin erzielt werden und resultiert in dem Schutz vor ischämischen, also durch mangelhafte Durchblutung verursachten Schädigungen des Gehirns im Alter. Allerdings hilft auch Propentofyllin nicht immer, sodass man es nach einem erfolglosen Versuch nach vier Wochen auch wieder absetzen kann, wenn sich nichts tut.

Pflege und Wartung

Alte Hunde können sich oft nicht mehr so pflegen, wie das in ihren jüngeren Jahren der Fall war – sei es, dass sie körperlich eingeschränkt sind und nicht mehr alle Stellen des Körpers erreichen, oder sei es, dass sie es schlichtweg vergessen, weil sie eben dement werden. Und dann ist der Mensch gefragt. Darum ist vor allem beim Seniorhund regelmäßig auf Fellpflege zu achten, um Verfilzungen, Entzündungen der Haut durch schlechte Belüftung oder auch zu lange Krallen, verschmutzte und entzündete Ohren festzustellen. Der Pflegezustand vieler Hundesenioren in der Tierarztpraxis ist immer wieder schockierend.

Es gibt eine Reihe von Checklisten, die den Besitzer sensibilisieren können, mögliche Anzeichen von CCD zu erkennen und einen Tierarzt zurate zu ziehen. Beispielhaft sei die »DISHA«-Einteilung aus der Studie von Osella ausgewählt (Osella *et al.* 2007).

Checkliste »DISHA« – Canines kognitives Dysfunktionssyndrom

Kategorie	Kurzbeschreibung	Einzelbeschreibung
Desorientiertheit	Verwirrtheit, veränderte Raumorientierung, Fehler beim Erkennen vertrauter Personen, beim Herumlaufen und gewöhnlichen Routinedingen	Findet sich in bekannter Außenumgebung manchmal nicht mehr zurecht; erkennt manchmal draußen und drinnen bekannte Personen spät oder nicht; geht auf die falsche Türseite oder gar zu einer ganz anderen Tür; findet keine Ruhe und rennt immer hin und her; wirkt irgendwie ratlos im Haus; umrundet oder überquert Hindernisse anders als früher; unnormale Reaktion auf eigentlich bekannte Objekte
Interaktion mit Umwelt, Hunden und Besitzer	Veränderte Kommunikation mit anderen Hunden und Menschen, zu späte oder keine Reaktion auf gelernte Kommandos	Geringeres Interesse an Begrüßungen, Liebkosungen, Spielzeug, Spiel mit anderen Hunden; reagiert schlechter auf bekannte Kommandos und Ansprache; erhöhter Bedarf nach ständigem Kontakt zum Besitzer; draußen spontane Aggressivität anderen Hunden gegenüber aber auch im Haushalt im eigenen Rudel; umgekehrt reagieren fremde Hunde auch schneller aggressiv
Schlaf-Wach-Rhythmus	Mehr Schlaf am Tag, weniger und unruhiger in der Nacht	Rastlos zur normalen Bettgehzeit; ein Hin und Her zwischen Schlaflosigkeit und Schlafsucht; häufiges nächtliches Aufwachen; rennt zur Tür, ohne raus zu wollen; schläft tagsüber vermehrt
Haus-/Wohnungs-Reinlichkeit	Kleine Malheure, weniger Kontrolle über Urin- und Kotabsatz	Urin- und Kotabsatz an bislang nicht üblichen Stellen im Haus, auch in der Hundebox oder auf der Decke; Inkontination im Hause, obwohl der Hund gerade draußen war; Inkontinenz
Aktivität	Weniger zielgerichtete, aktive Aktionen, mehr ziellose Aktivitäten	Geringere Ansprechbarkeit auf übliche Stimuli; weniger Neugier und Aktivität; Apathie, Fixation, in die Luft schnappen oder unmotiviert nach Objekten; exzessives Ablecken von Bezugspersonen oder Haushaltsgegenständen; planloses Wandern und Umherstreifen; erhöhter oder verminderter Appetit

»Jeder Abschied ist ein kleiner Tod, aber jeder Tod ein großer Abschied.«

Alphonse Allais

KAPITEL

5

WAS MICH NICHT UMBRINGT, MACHT MICH NUR STÄRKER

RESILIENZ, STRESS

Der Resilienzbegriff wurde in der Vergangenheit in verschiedenen wissenschaftlichen Bereichen wie Ökologie, Maschinenbau, Werkstoffkunde, Sozialwissenschaften, Psychologie und Neurobiologie verwendet (Tiira 2019). Resilienz (von lateinisch resilire »zurückspringen«, seine Form wiedererlangen wie eine Feder oder ein Gummiband, »abprallen«) oder psychische Widerstandsfähigkeit: die Fähigkeit, Krisen zu bewältigen und sie durch Rückgriff auf persönliche und sozial vermittelte Ressourcen als Anlass für Entwicklungen zu nutzen. Der alte Spruch »Was mich nicht umbringt, macht mich nur stark«, ist zwar abgegriffen, ist aber im Grunde eine vereinfachende Erläuterung von Resilienz. Ein anderer schöner Spruch zur Resilienz ist:

»Es sind nicht die Dinge, die uns beunruhigen, sondern unsere Sicht auf die Dinge.«

Iryna Kalamurza/shutterstock.com

Ein resilienter Hund, in diesem Fall sogar ein lustiger Hund mit großer Nase, lebt länger!

Physiologisch gesteuert wird der Resilienzkomplex prinzipiell durch die typischen Neurotransmitter und Hormone der Stressreaktion. Resilienz und Stress sind quasi eineiige Zwillinge. Die Stressreaktion (Abbildung unten) und die üblichen »Verdächtigen« der beteiligten Substanzen werden im Folgenden kurz vorgestellt:

Adrenalin und Noradrenalin

Adrenalin (engl. *Epinephrine*) und Noradrenalin (engl. *Norepinephrine*) gehören zu den endogenen Katecholaminen, welche im Nebennierenmark gebildet werden. Sie sind die relevantesten Transmitter des Sympathikus und bilden das aktive Kurzzeitstresssystem, welches »Fight-or-Flight«-Reaktionen vermittelt. Sie können den Körper auch auf bevorstehende Aktivitäten vorbereiten. Beispielsweise werden

Die Stressreaktion ermöglicht es dem Körper, mittels Cortisol, Adrenalin und Noradrenalin aus der Nebenniere Stress angemessen zu bewältigen.

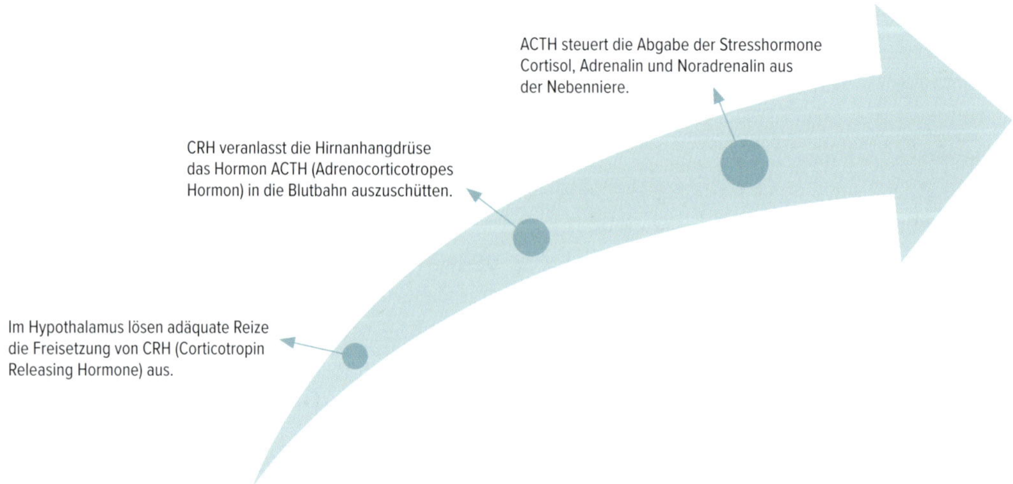

Bernd Schröder

sie auch ausgeschüttet, wenn potenzielle Paarungspartner in der Nähe sind. Noradrenalin fördert dabei zusätzlich die Ausschüttung von Testosteron, wodurch die Kampfbereitschaft erhöht wird. Adrenalin und Noradrenalin binden im Zentralnervensystem bevorzugt an α1-, α2- und β- Rezeptoren und können sowohl exzitatorisch (erregend) als auch inhibitorisch (hemmend) wirken.

Cortisol

Cortisol gehört zu den überwiegend in der Nebennierenrinde gebildeten Glukokortikoiden und wird gemeinhin als Langzeitstresshormon bezeichnet, welches in der Vergangenheit in einer Vielzahl von Studien als Parameter für Stressempfinden herangezogen wurde. Es wird dem passiven Stresssystem zugeordnet und mit Unsicherheit, Angst und Panik in Verbindung gebracht. Im Rahmen einer Rückkopplungskaskade im Zentralnervensystem wird die Cortisolausschüttung normalerweise nach einer gewissen Zeit gehemmt. Ist dies durch lange anhaltenden Stress nicht möglich, kann es zu einer Verstärkung von Unsicherheit und anderen Symptomen kommen.

Testosteron

Das Sexualhormon Testosteron ist ein wichtiger Gegenspieler zum Cortisolsystem. Es wirkt anxiolytisch und fördert das Selbstbewusstsein, wodurch es auch als ein Hormon des sozialen Erfolgs bezeichnet werden kann. Auch bei weiblichen Tieren wird Testosteron in diesem Zusammenhang nachgewiesen. Dabei fördert es jedoch auch die Wettbewerbs- und Risikobereitschaft.

Dopamin

Ebenfalls zur Gruppe der Katecholamine gehört die biosynthetische Vorstufe von Noradrenalin und Adrenalin, nämlich das Dopamin. Dopamin führt neuromodulatorisch in Wechselwirkung mit Noradrenalin vor allem zu einer als angenehm empfundenen Erregung und führt zu einer Belohnungserwartung. In Wechselwirkung mit Noradrenalin, Serotonin und Endorphinen ist es zuständig für Glücksempfindungen. Jedoch bereitet Dopamin nicht nur die Basis der Motivation für Handlungen vor, die zu positiven Empfindungen führen sollen, sondern wurde ebenfalls bei neuronalen Verknüpfungen identifiziert, welche negative, mit Angst einhergehende neuronale Aktivitäten assoziieren. Wie genau das reguliert wird, ist unklar.

Dopamin wirkt exzitatorisch und inhibitorisch an D1- und D2-Rezeptoren. Genau wie Tryptophan eine wichtige Vorstufe für die Bildung von Serotonin ist, stellt für den Stoffwechselweg von Dopamin das L-Tyrosin ein wichtiges Bindeglied dar. Obwohl L-Tyrosin im Gegensatz zu L-Tryptophan »nur« eine nicht essenzielle Aminosäure ist (und aus Phenylalanin im Organismus theoretisch ausreichend gebildet werden kann), ist sie für die Produktion von Dopamin sowie von Katecholaminen und Schilddrüsenhormonen von entscheidender Wichtigkeit.

Das wird dann insbesondere auffällig, wenn ein Tyrosinmangel vorliegt. Klinische Befunde aus der Humanmedizin berichteten regelmäßig über das Auftreten von Symptomen wie Konzentrationsstörungen, Müdigkeit, Antriebslosigkeit und neurologischen Beschwerden bei betroffenen Patienten, also allesamt Kennzeichen, die (zumindest beim Menschen) mit Kognition, Stress und Depression zu tun haben.

Serotonin und Melatonin sind für die Regulation des Schlafes verantwortlich, der bei alten Hunden oft zum Problem wird. Oder anders gesagt: ein durchschlafender Seniorhund ist fast so was, wie ein Sechser im Lotto und schont den eigenen Schlaf.

Serotonin

Serotonin ist ein neurogenes Amin, welches auch unter dem Namen 5-Hydroxytryptamin (5-HT) zu finden ist und über Decarboxylierung von L-Tryptophan über das Zwischenprodukt 5-Hydroxytryptophan (5-HTP) entsteht. 5-HTP selbst ist eine natürliche Verbindung, die vom Gehirn in Serotonin und Melatonin umgewandelt wird – zwei Neurotransmitter, die unter anderem für die Regulierung von Schlafmustern verantwortlich sind. Ein höherer Wert dieser Neurotransmitter wird mit einer verbesserten Einschlaffähigkeit und einem erholsameren, tieferen Schlaf während der gesamten Nacht in Verbindung gebracht. Die Substanz -5HTP sollte bezüglich ihrer potenziellen Wirkung beim Hund im Auge behalten werden, da sie nicht bei der Aufnahme im Darm und beim Transport zum Gehirn mit anderen Aminosäuren konkurriert und dort sehr schnell in Serotonin umgewandelt werden kann.

Das Endprodukt der Tryptophanumwandlung, das Serotonin, spielt als Neurotransmitter eine bedeutende Rolle für normalen Schlaf, Aufmerksamkeit, Stimmungslage, Fressverhalten und Gedächtnisfunktion und wird gemeinhin auch als »Glückshormon« bezeichnet, jedoch bringen es einige Studien auch mit einer erhöhten Risikobereitschaft und Stressneigung in Verbindung. Spezifische Rezeptoren für Serotonin sind die 5-HT1 (A-D)-, 5-HT2- und 5-HT3-Rezeptoren, wobei sowohl eine exzitatorische als auch eine inhibitorische Wirkung möglich ist.

Oxytocin

Das Neuropeptid Oxytocin, der »hormonelle Sozialkleber«, wird meist nur im Zusammenhang mit Geburt und maternaler Bindung (Bindung zur Mutter) genannt, jedoch besitzt es ebenfalls eine wichtige Rolle bei Bindungsverhalten zwischen verschiedenen Spezies und für soziales Wohlbefinden und Vertrauen. Studien konnten nachweisen, dass durch Streicheln eines Hundes nicht nur der Blut-Oxytocin-Spiegel beim Menschen steigt, sondern auch der des Hundes. Ebenfalls steigert Oxytocin beim Hund, der mit entsprechenden Rezeptoren ausgestattet ist, die Akzeptanz einer gemeinsamen Problemlösung. Gemeinhin wird Oxytocin auch häufig als »Kuschelhormon« und »Stressbremse« bezeichnet.

Endorphine

Endogene Opiate wie Endorphine sind Neuropeptide, welche im Zentralnervensystem in Form von »Alles ist wunderbar«-Glücksbotenstoffen agieren). Sie werden beispielsweise beim Jagen oder Spielen ausgeschüttet und haben einen selbstbelohnenden Effekt. Auch bei Interaktionen zwischen Mensch und Hund wurde ein Anstieg von Endorphinen nachgewiesen. In der Blutbahn wird Endorphinen auch eine immunmodulatorische Wirkung zugesprochen, während sie im Zentralnervensystem zum Wohlbefinden beitragen und das Schmerzempfinden senken.

Die gerade vorgestellten Stress- und Gute-Laune-Hormone sind zentrale Elemente des

Die »Mainplayer« der Stress- und Gute-Laune-Hormone. Noradrenalin kann beides sein. Das hängt davon ab, wie die Zielzelle des Hormons ihre Nachricht interpretiert.

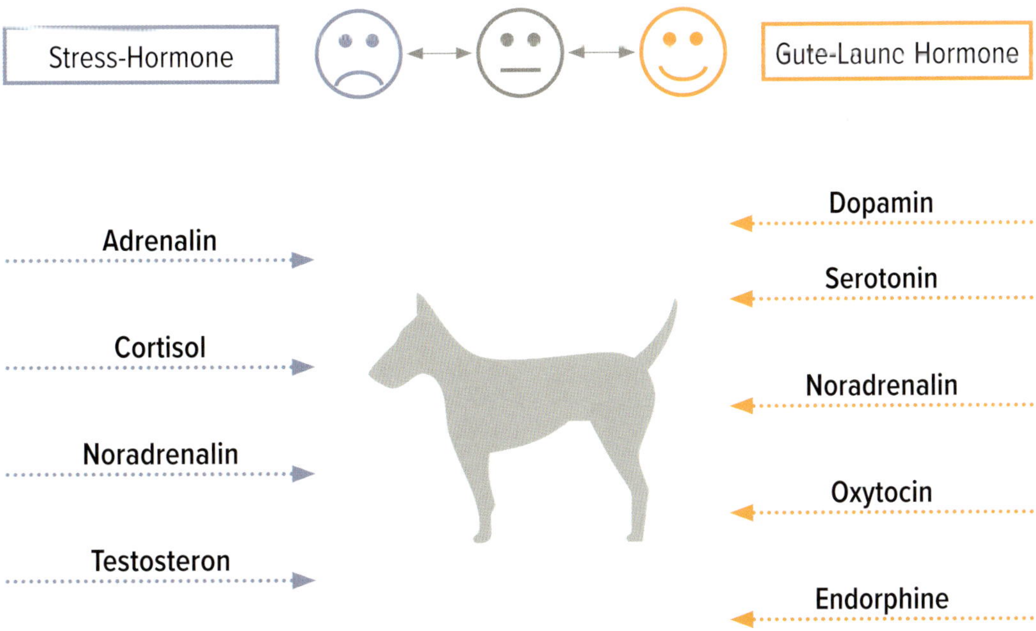

individuellen Resilienzgeschehens. Wie äußert sich das im Verhalten? Im Idealfall bleibt der Mensch auch in stressigen, schwierigen Situationen gelassen, behält den Überblick, zeigt auch unter großem Druck weitgehend die angemessene Leistungsfähigkeit. Persönliche Angriffe können mit scheinbarer Leichtigkeit weggesteckt werden. Solche Menschen beherrschen die Fähigkeit der Resilienz – eine Kraft, die das Leben lehrt. Wer sie nicht hat, kann sie nichtsdestotrotz in einem gewissen Ausmaß erlernen und trainieren.

Es gibt auch unter Hunden Individuen, die wesentlich leichter mit Lebenskrisen umgehen als andere. In der Humanpsychologie wird die Resilienz von sieben Säulen getragen:

→ Impulskontrolle

Resiliente Menschen bleiben auch unter Ablenkung beziehungsweise Abneigung bei der gerade begonnenen Aufgabe. Sie agieren zielorientiert. Das beugt im Erfolgsfall Stress und zusätzlichem Druck vor. Aber nicht nur die Fähigkeit, im Sinne der Aufgabe zu agieren, sondern auch dass man sich nicht so schnell verleiten lässt, emotional überzureagieren, zeichnet resiliente Menschen aus. Sie können Impulse und Motivationen kontrollieren.

Und natürlich gibt es auch Hunde(-rassen), die sich leichter tun, ihre Impulse zu kontrollieren und zu beherrschen als andere. So ist eine funktionierende Impulskontrolle bei vielen Hunderassen seit Jahrhunderten Zuchtziel. Man denke nur an die Retriever, die nach dem Schuss arbeiten und erst losrennen dürfen, um die Beute zu holen, wenn sie geschickt werden.

→ Emotionen lenken

Emotionen werden im Zentralnervensystem und der Amygdala verarbeitet und gespeichert. In gewissem Umfang lassen sich Emotionen durch Lernen und Erfahrung lenken beziehungsweise regulieren. Das bedeutet jedoch nicht, dass sie unterdrückt werden. Aber diese Reaktion dient der Stressminderung. Auch Hunde können aus bewältigten Stressoren lernen und diese Erfahrung für zukünftige Ereignisse nutzen. Darum ist es in meinen Augen auch eher kontraproduktiv (und schlichtweg illusorisch), von klein an jeglichen Stress vom Hund fernhalten zu wollen. Ganz im Gegenteil ist es wichtig, den Umgang mit Stress zu lernen und passende Bewältigungsstrategien zu entwickeln. Man lernt auch nur schlecht das Autofahren, ohne jemals hinterm Steuer gesessen zu haben. Das war hier auch jeweils von Anfang an einer der wichtigsten Lerninhalte – die Auseinandersetzung mit verschiedenen Stressoren. Wenn ich als Mensch danebenstehe und bei Bedarf soziale Unterstützung gebe, werde ich gefühlt zum lieben Gott für meinen Hund und tue nebenbei noch etwas für eine gute Mensch-Hund-Beziehung. Hunde, die gelernt haben, dass sie sich auf ihren Menschen verlassen können, nutzen diese Option in späteren stressigen Situationen gerne. Ich bin überzeugt davon, dass auch das vergleichsweise stressfreie Leben meiner Vierbeiner – durch die frühzeitige Auseinandersetzung mit Stress – dazu beiträgt, dass sie inzwischen ein beinahe biblisches Alter erreicht haben.

→ Optimistische Grundeinstellung

Resiliente Menschen wissen, dass Optimismus eher ans Ziel führt als eine pessimistische Herangehensweise. Es wird weniger Adrenalin

und Cortisol freigesetzt. Auf der anderen Seite lässt die optimistische Grundeinstellung die Spiegel von Glückshormonen wie Dopamin und Serotonin steigen. Dass es auch unter Hunden Optimisten und Pessimisten gibt, hat die Wissenschaft längst nachgewiesen. Zunächst lernten die Hunde in der Studie, dass einem hohen Ton eine besonders attraktive Belohnung (in dem Fall Milch) folgt, nach einem tiefen Ton hingegen gab es nur Wasser. Das führte schnell dazu, dass die Hunde bei dem hohen Ton durch ihr Verhalten Vorfreude auf die leckere Milch ausdrückten. Ertönte hingegen der tiefe Ton, blieben sie uninteressiert.

Danach wurde den Hunden ein mittelhoher Ton präsentiert, der genau zwischen den beiden bisher verwendeten lag. Und nun trennten sich die Optimisten von den Pessimisten: Einige interpretierten den undefinierbaren Ton offenbar als ein gutes Zeichen und erwarteten ihrem Verhalten zufolge Milch. Andere ordneten den Ton hingegen dem faden Wasser zu – sie schauten also eher pessimistisch in die Zukunft. Es gab also ganz klar Optimisten und Pessimisten unter den Hunden, von Letzteren in der Studie etwas mehr als von den Pessimisten. Pessimistische Tiere erwarten eher Negatives, deshalb sind sie weniger

Auch unter Hunden gibt es Optimisten und Pessimisten.

risikofreudig. Sie sind nach Enttäuschungen relativ schnell entmutigt, wohingegen die optimistischen Hunde deutlich risikofreudiger sind. (Starling *et al.* 2014) Hier im Hause lebt genau ein Pessimist – und er ist auch nach 17 Jahren noch der festen Überzeugung, dass die eine Regenwolke am Himmel unser aller Untergang sein wird, oder dass der Beagle uns alle ins Verderben stürzen wird. Mit Letzterem ist allerdings bewiesen, dass auch der Pessimist gelegentlich recht hat ...

→ Situationen analysieren – lernen, was stressfrei funktioniert und was nicht

Resiliente Menschen analysieren ihre Situationen genau. Sie lernen so, was nicht funktioniert und erkennen die Gründe, die in einer bestimmten Situation negative Gefühle auslösen. Durch Beobachten, Ausprobieren, Auswerten schaffen sich resiliente Menschen einen Blumenstrauß von funktionierenden Lösungsstrategien. Auch diese Fähigkeit besitzen Hunde, wenn auch sicher nicht ganz so ausgeprägt wie der Mensch. Aber es liegt wiederum auch an uns, sie Erfahrungen machen zu lassen und mit unserer Unterstützung Problemlösungen finden zu lassen.

→ Selbstwirksamkeit

Resiliente Menschen nehmen ihr Leben in die eigenen Hände, sie können Situationen anpassen oder ändern. Sie agieren und müssen nicht reagieren, das heißt sie geraten nicht in eine Opfersituation, die zusätzlichen Stress verursacht. Erfahrungen der Selbstwirksamkeit sind auch für Hunde extrem wichtig – ihr ganzes Leben lang. Optimalerweise beginnt man damit beim Welpen und zeigt ihm, dass er nicht nur reagieren, sondern auch agieren kann, dass Dinge nicht mit ihm geschehen, sondern dass er sein Umfeld direkt mit beeinflussen und gestalten kann. Wenn es darum geht, wie *mein Essen* in *ihrem Magen* landet, haben meine Hunde eine durchaus beachtenswerte Selbstwirksamkeit. In anderen Situationen auch. Aber auch das haben sie von klein auf gelernt und dazu kann man sich zahlreiche Übungen für Hunde einfallen lassen.

→ Anpassungsfähigkeit und Zielfokussierung

Resiliente Menschen besitzen klare Ziele und verfolgen diese diszipliniert. Durch Rückschläge lassen sie sich nicht entmutigen, sondern versuchen es noch einmal oder passen ihre Strategie an. Das Erreichen des Ziels soll Spaß machen – resiliente Menschen haben Kraft, um für die Zukunft zu planen. Ein resilienter Beagle hingegen plant die nächste Mahlzeit ...

Diese Eigenschaft ist sicherlich gerade bei unseren Haushunden auch sehr rasseabhängig und vom (ursprünglichen) Zuchtziel abhängig. So verfolgt zum Beispiel der Beagle sehr diszipliniert jede Fährte, die unseren Weg kreuzt. Aber Spaß beiseite, tatsächlich bin ich überzeugt davon, dass der Beagle nicht zufällig der Laborhund ist, sondern dass er neben einer praktischen Größe und den Meutehundeigenschaften auch wegen der rasseeigenen Resilienz vermeintlich gut für diesen »Job« geeignet ist. Ich kenne zumindest keine andere Rasse, die nach zum Teil Jahren im Labor mit ausschließlich weiß gefliesten Räumen und grün gekleideten Pflegern in der Regel nach kurzer Zeit so gut »im echten Leben« zurechtkommt.

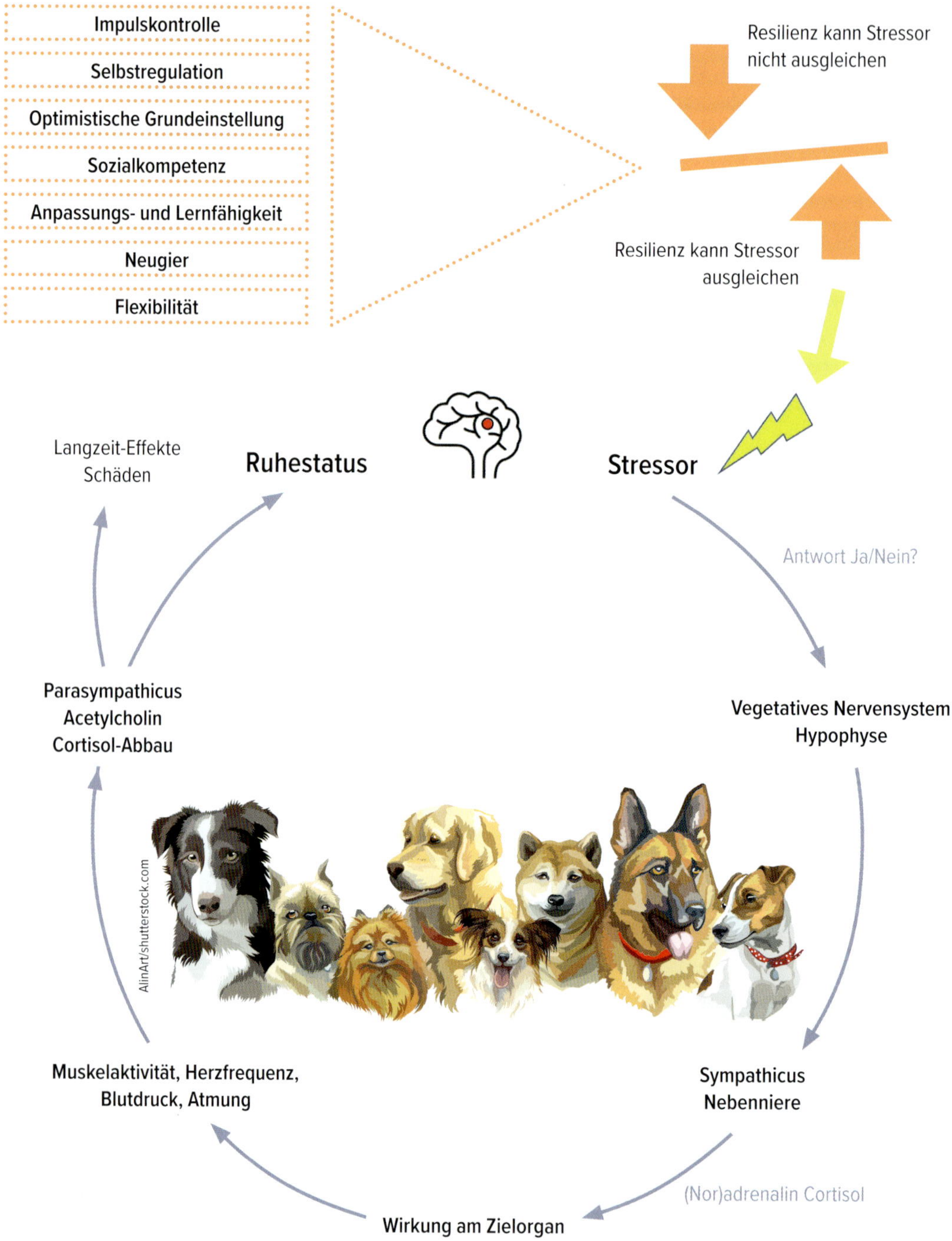

Stress und Resilienz sind eng miteinander verknüpft. Die Resilienzsäulen sind nur stabil, wenn der Stresszyklus ausgewogen »rund« läuft.

→ Soziale Kompetenzen

Resiliente Menschen verstehen sich im Umgang mit anderen Menschen. Sie können sich mit Empathie in die Gedanken- und Gefühlswelt eines anderen Menschen hineinversetzen – also die Perspektive wechseln. Dadurch können sie das Verhalten des Gegenübers besser einordnen, beurteilen und verstehen.

Hegt hier irgendjemand ernsthaft Zweifel an der Empathiefähigkeit von Hunden? Um an dieser Stelle direkt noch mal auf die Beagles als vergleichsweise stabile und resiliente Rasse zurückzukommen: Für Meutehunde ist es unabdingbar, das Gegenüber einschätzen, beurteilen und verstehen zu können.

Beim Hund ist die Resilienz als verminderte Vulnerabilität (Empfindlichkeit, Verletzlichkeit) gegenüber unvorteilhaften Erlebnissen charakterisiert. Ziel ist es, die Fähigkeit, Widrigkeiten und Stress zu tolerieren oder zu kompensieren zu stärken. Dazu kommt die Eigenschaft, aus negativen Erlebnissen die richtigen Schlüsse zu ziehen und für zukünftige ähnliche Situationen abzuspeichern, um später adäquat darauf zu reagieren. Manche Aspekte dieser Aufreihung können auch durch verschiedene Mechanismen (wie Epigenetik, Spiegelneuronen) auf die Nachkommenschaft übertragen werden. Und beim Hund spielt natürlich auch immer die gezielte Selektion auf bestimmte Arbeits- und Persönlichkeitseigenschaften eine Rolle.

Soziale Kompetenzen sind nicht nur für das Leben in einer Meute, sondern auch für die Resilienz essentiell.

Veronika Brugger

Motte, Spitz-Mix, mit 14 Jahren, die bis kurz vor ihrem Tod noch topfit war.

Resilienz ist ein dynamischer Prozess, der in Stresssituationen hilft, das physische und psychische Gleichgewicht aufrechtzuerhalten. Resilienz hat sich im Laufe der Evolution als biologisch gewolltes »Immunsystem der Seele« bei Mensch und Hund entwickelt. Beim Menschen wird das Konzept der Resilienz häufig im Zusammenhang mit psychiatrischen Störungen diskutiert. Vor diesem Hintergrund macht es Sinn Verhaltensauffälligkeiten des Hundes, wie Ängstlichkeit und Aggression, aus dem Resilienz Blickwinkel zu betrachten. Leider steckt die kynologische Forschung diesbezüglich noch in den Kinderschuhen.

Die Neurobiologie der Resilienz des Hundes, die sich mit durch Stresshormone vermittelten akuten und chronischen Stressantworten beschäftigt (hauptsächlich Adrenalin und Cortisol), lässt vermuten, dass die Reaktionen von der individuellen Resilienz abhängig sind (Feder *et al.* 2009). Insbesondere die Beendigung der Stressreaktion scheint maßgeblich durch Resilienz (zur Erinnerung: »zurückspringen«) beeinflusst zu werden. Resilienz kann passiv oder aktiv sein. Bei passiver Resilienz fehlen bestimmte Schlüsselmoleküle, die die Bewältigungsstrategien des Hundes negativ beeinflussen. Aktive Resilienz bedeutet, dass das Individuum spezifische Schlüsselmoleküle aktiviert, die Resilienz fördern können (Russo *et al.* 2012). Mit Schlüsselmolekülen sind allgemein Neurotransmitter, Hormone und Neuropeptide gemeint (zur Übersicht: Liu *et al.* 2018).

Die Grundlagen der Persönlichkeit beziehungsweise Psyche des Hundes stehen nicht im Fokus dieses Buches. Ein gut verständliches Sachbuch zu dieser Thematik kann aber an dieser Stelle empfohlen werden (Mehl 2021). Die individuelle Persönlichkeit spielt eine wesentliche Rolle für den Verlauf einer Resilienzreaktion (Corsetti *et al.* 2018). Unerschrockenheit, Verträglichkeit und Temperament (Reaktivität und Selbstregulation) zusammen mit Neugier und Flexibilität sind sehr wahrscheinlich wichtige Bausteine der Resilienz beim Hund (Tiira 2019). Eine optimistische Grundeinstellung hilft der körperlichen und geistigen Gesundheit des Hundes. Das gilt insbesondere für den Seniorhund. Dies schließt feste Strukturen im Alltag, die Gestaltung des Zuhauses und des Gassigehens, Fütterung, Körperpflege, Spielen und Kopfarbeit mit ein. In den vorangegangenen Kapiteln wurde ja schon im Detail darauf eingegangen.

Wissens BOX

Resilienz (von lateinisch *resilire*, »zurückspringen«) ist ein Begriff aus der Humanpsychologie, der auch in die Verhaltensbiologie des Hundes Einzug gehalten hat. Resilienz beschreibt den Prozess, wie Individuen auf Herausforderungen und Veränderungen mit Anpassung ihres Verhaltens reagieren, also die Fähigkeit, gelassener auf Stress auslösende Reize zu reagieren. Das heißt, wir können Stress entweder vermeiden oder abschwächen durch eine starke Resilienz. Sie funktioniert wie ein mentales Immunsystem gegenüber den Einflussen, die auf Dauer krank machen können. Die Säulen der Resilienz, wie viele es beim Menschen beschreiben, lassen sich auf den Hund nur bedingt übertragen. In einer einfachen Einteilung lässt sich mit Blick auf den Charakter und Trainierbarkeit Folgendes ableiten:

- Impulskontrolle
- Selbstregulation
- Optimistische Grundeinstellung
- Sozialkompetenz
- Anpassungs- und Lernfähigkeit
- Neugier
- Flexibilität

Eine gute Resilienz des alternden Hundes fördert eine gesunde Alterung und ermöglicht dadurch ein gesundes und langes Leben!

*»Es kommt nicht darauf an,
wie alt man wird
sondern wie man alt wird.«*

Carl Ochsenius

KAPITEL 6

LEBEN, LIEBEN UND LEIDEN MIT DEM SENIORHUND

6.1 Verhalten des Seniors

Beim Hund kann es im Alter zu körperlichen und psychischen Veränderungen kommen. Durch den funktionellen Abbau von Rezeptoren für Neurotransmitter (Botenstoffe) im Gehirn hat dies vor allem im dopaminergen System zur Folge, dass Aufmerksamkeit, Wachsamkeit, Gedächtnis sowie die emotionale und motorische Regulation schlechter werden. Aber auch das Auftreten von Verhaltensproblemen bis hin zu psychischen Erkrankungen wird mit zunehmender Lebenserwartung wahrscheinlicher.

Körperliche Veränderungen

Durch Defizite beim Sehen, Hören und Riechen kommt es zu unterschiedlichsten und unterschiedlich stark ausgeprägten Verhaltensänderungen. Lässt die Fähigkeit zu hören langsam nach, kann es zum Beispiel passieren, dass Hunde vermehrt ihre Halter »stalken«, obwohl sie es früher vorgezogen haben, ihr Nickerchen weiter zu halten, wenn der Halter mal kurz um die Ecke verschwand. Aber sein eingeschränkter oder fehlender Sehsinn kann ihm nun nicht mehr zuverlässig rückmelden, was sein Mensch gerade tut, wenn dieser aus seinem Blickfeld verschwunden ist.

»Wo ist mein Mensch?« Im Alter zeigen viele Hunde eine Tendenz zum »Stalken«.

Ich brülle meinen tauben alten Herren inzwischen ein ICH KOMME GLEICH WIEDER! entgegen und mache das Handzeichen für »Bleib«, wenn ich mal alleine auf dem stillen Örtchen sein möchte. Meistens bleiben sie dann auch liegen. Genauso gut kann es aber passieren, dass man eine Stunde mit der Nachbarin ratscht und beim Wiederheimkommen noch alle auf ihren Plätzen liegen, weil sie gar nicht bemerkt haben, dass ich das Haus verlassen hatte. Meist macht sie aber der Chihuahua darauf aufmerksam.

Der Hund, der seinen Menschen mit einem Schirm verwechselte

Bei Piccolo sind es ja neben den Ohren auch die Augen, die inzwischen fast komplett ihren Dienst quittiert haben, und auch das hat Folgen. So ein Hund ist ja immer mehr in seiner eigenen Welt, bekommt nur noch wenig Sinneseindrücke von außen, auch wenn das Gehirn noch weitgehend funktioniert. Auch ändert sich das Ausdrucksverhalten eines taubblinden Hundes; er ist oft auf der Suche und schaut dabei ins Leere. Piccolo fängt dann irgendwann an zu wuffen, weil er weiß, dass ich mich dann zu erkennen gebe. Manchmal reicht es aus, auf den Boden zu stampfen, weil er die Vibration wahrnimmt.

Sehr rührend und liebenswert, aber auch anstrengend ist seine neuste Macke: Ich habe einen neuen Sonnenschirm auf der Terrasse stehen, den er offenbar für mich hält, wenn dieser geschlossen ist. Seither steht er, wenn ich ihn nicht abhole, stundenlang auf der

Terrasse, macht Spielauffoderungen dem Schirm gegenüber, den er offenbar gegen die Sonne silhouettenhaft erkennt, und wufft ihn an. Kürzlich wollte er am Schirm hochspringen und landete in einem danebenstehenden Blumentopf ... Seit Neuestem kontrolliere ich also regelmäßig, ob Piccolo wieder auf der Terrasse steht, Zwiegespräche mit dem Schirm hält oder im Blumentopf liegt. Für ihn sind auch taktile Reize extrem wichtig geworden, und ich versuche sie ihm ausreichend zukommen zu lassen. Entweder wird er gekrault, sitzt neben mir auf dem Stuhl – wenn da wirklich einer steht! – oder liegt unter meiner Decke. Er sucht fast immer den Körperkontakt zu mir, weil er nur dann mitbekommt, wenn ich weggehe.

Schreck lass nach?

Leider nein, mit dem Gegenteil ist meistens zu rechnen. Alte Hunde sind aus unterschiedlichen Gründen oft leichter gestresst als in früheren Jahren. Die bereits erwähnten nachlassenden Sinnesorgane verunsichern Hunde und führen dazu, dass sie schneller erschrecken, weil sie nicht mehr mitbekommen, wenn sich jemand nähert oder sie anfasst. Auch haben sie durch Arthrosen oder andere Veränderungen oft chronische Schmerzen, die ihren Stresshormonspiegel zusätzlich ansteigen lassen. Und je mehr Stresshormone in einem Organismus im Umlauf sind, umso leichter haben es neue, vergleichsweise harmlose Stressoren, das System noch mehr hochzufahren.

Auch im Alter ein Fels in der Brandung: Floyd, ein 11-jähriger Ca de Bestiar aus dem Tierschutz.

Dazu kommt, dass alte Hunde oft vergleichsweise niedrige Schilddrüsenhormonwerte haben, weil der Stoffwechsel – über die Schilddrüsenhormone vermittelt – heruntergefahren wird, oder sie haben gar eine Schilddrüsenunterfunktion. Und niedrige Schilddrüsenhormone verstärken wiederum die Ausschüttung des Stresshormons Cortisol.

Erscheint der Hundesenior in einigen Situationen zunehmend merkwürdig, sollte er unbedingt einem Tierarzt vorgestellt werden, denn seine Verhaltensänderungen könnten neben der zu erwartenden schlechteren Sinneswahrnehmung auch mit einer krankhaft bedingten Abnahme seiner kognitiven Fähigkeiten (durch Zunahme seniler Plaques im Gehirn) einhergehen (Kognitives Dysfunktionssyndrom, CCD). Oder zeigt er aufgrund anderer organischer Ursachen neuerdings vielleicht nächtliche Unruhe? Die sollte ebenfalls dringend von einem Tierarzt abgeklärt werden.

Psychische Veränderungen

Auch durch Abnahme der kognitiven Fähigkeiten kann es vorkommen, dass alternde Hunde Erlerntes nur verspätet oder gar nicht mehr von ihrer »Festplatte« abrufen können. Zudem muss man damit rechnen, dass sie in gewohnten Situationen oder gegenüber (bekannten) Menschen und Artgenossen plötzlich ganz anders als gewöhnlich reagieren und reizbarer oder aggressiver sind.

Mitunter kann die individuelle Motivation des Hundeseniors für das Spielen (mit dem Menschen oder Artgenossen), seine Pflege von Sozialkontakten und seine allgemeine Aktivitäten insgesamt reduziert sein.

Nachts steppt der Senior

Wie bereits erwähnt, ändert sich auch der Schlaf-Wach-Rhythmus beim Hund im Alter. Alte Hunde verschlafen oft einen Großteil des Tages. Klar, sie müssen ja auch nachts durchs Schlafzimmer steppen! Beim Menschen ist bekannt, dass sich der Schlaf-Wach-Rhythmus mit den Jahren immer mehr verschiebt, und während man in der Pubertät noch nachtaktiv war, wird man mit zunehmendem Alter immer früher müde und wach.

Eine der Hauptursachen für Schlafstörungen ist wiederum Stress. Ist der Körper gestresst, werden zunächst die Stresshormone Adrenalin und Noradrenalin vermehrt ausgeschüttet, um den Organismus in die Lage versetzen, auf die Belastungssituation zu reagieren. Da dieser Zustand viel Energie erfordert, wird nun auch das Stresshormon Cortisol in der Nebennierenrinde produziert, um den erhöhten Energiebedarf bedienen zu können. Da Cortisol und das Schlafhormon Melatonin Antagonisten, also Gegenspieler sind, führt Stress zu einem Melatoninmangel und damit zu Ein- und Durchschlafstörungen.

Damit das Durchschlafen wieder besser gelingt, sollte das Umfeld des Hundes auf zusätzliche Stressoren überprüft werden. Als akute Managementmaßnahme, auch für einen besseren Schlaf des Zweibeiners, eignen sich sogenannte *Toe Grips*. Das sind kleine Gummischläuche aus Naturkautschuk, die auf die Krallen geschoben werden. Sie steigern zum einen die Bodenhaftung auf rutschigen Böden und geben so mehr Sicherheit, sie nehmen aber auch die Lautstärke der Krallen. Auch die Schlafplatzwahl kann plötzlich ganz neu getroffen werden. So liegt Piccolo zunehmend an

sonderbaren Stellen und schläft tatsächlich zum Beispiel im Blumentopf, wenn er nicht gerade neben mir auf dem Stuhl sitzt.

Angst und Furcht

Falls der Hund schon in jüngeren Jahren vor irgendetwas Furcht zeigte, und sei es auch nur ein bisschen, wird sich dieses Verhalten oft mit den Jahren verschlimmern und der Hundesenior scheint in besagter Situation nun übertriebener und unkontrollierter zu reagieren. Im Hause Schröder hat tatsächlich eine anfänglich leichte Furcht vor Gewitter und mehr noch vor Silvester mit den Jahren stärkere Ausmaße angenommen. Leider schauen sich Hunde in einer Meute ja stets viel voneinander ab. Einwurf der anderen Autorin: Wenn sie endgültig taub sind, legt sich das wieder!

Neben dem reaktiveren Cortisol-Stoffwechsel ist eine weitere Ursache für Ängste, dass Hunde im Alter ihre Fähigkeit »stereo zu hören« verlieren und Geräuschquellen nicht mehr gut ihrem Ursprung zuordnen können. Dadurch wird vieles, was früher eine situations- oder objektgebundene Furcht war, nun zur unbestimmten Angst.

Gemeinsame Beschäftigungen stärken die Bindung und können Stress reduzieren. Und das in jedem Alter.

Wissens BOX

- Beim älteren Hund kann es zu körperlich und psychisch bedingten **Verhaltensänderungen** kommen.
- Durch **Abbauprozesse** im Gehirn, vor allem im dopaminergen System, kommt es zur Verschlechterung von Aufmerksamkeit und Gedächtnis.
- Auch die **Regulationsfähigkeit** von Motorik und Emotionen nimmt ab.
- Der Senior kann verschiedene **auffällige Verhaltensweisen** zeigen und diese in unterschiedlich starker Form.
- Es gilt zwischen altersbedingten und organisch begründeten **Veränderungen** zu unterscheiden.
- Über altersgemäß zu erwartende Verhaltensänderungen hinaus kann es zu **Verhaltensproblemen** (z.B. trennungsbedingt) und ernsthaften **Erkrankungen** und Problemen wie beispielsweise Trennungsangst kommen.

Weitere zu beobachtende auffällige Verhaltensweisen können Orientierungslosigkeit und zielloses (Umher-)wandern sein. Auch kann der Senior vergessen haben, dass er sein Futter gerade eben schon hatte und fordert erneut welches ein. Sollte es sich allerdings um einen Retriever oder Beagle handeln, ist dies allerdings kein Anzeichen einer Demenz, sondern Normalverhalten.

Bei altersgemäß zu erwartenden psychisch bedingten Verhaltensauffälligkeiten sei noch mal darauf hingewiesen, dass bei Verschlimmerung auch hier immer parallel eine organische Ursache ausgeschlossen werden muss. In einigen Fällen können sich über altersbedingte Verhaltensänderungen hinaus nämlich ernsthafte Verhaltensprobleme und Erkrankungen entwickeln, wie beispielsweise trennungsbedingte Probleme, Phobien und Angststörungen sowie das bereits erwähnte Kognitive Dysfunktionssyndrom oder depressive Störungen. Hier kann im Einzelfall auch die Hilfe durch einen verhaltenstherapeutisch tätigen Tierarzt angeraten sein.

Letztendlich kann natürlich ebenso eine Kombination aus körperlich und psychisch bedingter Verhaltensänderung vorliegen. Schließlich bedingt das eine ja das andere und es findet ein ständiger Austausch zwischen dem Gehirn und den anderen Organen statt. Oder wie schon Juvenal sagte: »Ein gesunder Geist in einem gesunden Körper«. So können im Alter auch mal einige Hormone aus dem Gleichgewicht geraten und beispielsweise eine Hypothyreose (Schilddrüsenunterfunktion) oder ein Hyperadrenokortizismus (Morbus Cushing, Überproduktion des körpereigenen Cortisols) entstehen, die jeweils sowohl Körper als auch Psyche beeinflussen.

Eine Rampe kann für tatterige Senioren eine große Hilfe sein und Sicherheit geben. Hündin Steffi kommt aus Kreta, ist 2006 geboren und genießt ihren Lebensabend in Norddeutschland.

6.2 Die Seniorenresidenz – Wie gestalte ich das Zuhause?

Alles läuft rund, wenn die Gestaltung des Zuhauses immer an den aktuellen Gesundheitszustand des Hundeseniors angepasst ist und regelmäßig überprüft wird. Lassen Sehkraft und Beweglichkeit beim Hund in dessen vier Wänden nach, muss dem Hund der Zugang zu den gewohnten Ressourcen erforderlichenfalls bequemer und unfallfrei gestaltet werden. Dieses bezieht eventuell kürzere Wege zwischen Schlafbereich und Futter- sowie Wasserplatz ein. Auch auf rutschfeste Laufwege muss nun mehr geachtet werden, auch wenn die Schönheit der Wohnung dadurch etwas gewöhnungsbedürftige Ausmaße annimmt. Darüber hinaus erleichtern Einstiegshilfen den Zugang zum Hundekorb und schiefe Ebenen oder kleine Treppen die Zugangsmöglichkeit zu erhöhten Liegeplätzen. Vor allem den Absprung von höher gelegenen Ebenen meint der Senior oft noch wie früher meistern zu können. Da kann es schon mal zu dem einen oder anderen kleinen Unfall kommen. Manchmal kann eine Erhöhung des Futter- und Wassernapfes erforderlich werden. Zur Vermeidung von Stolperfallen sollten keine Möbel, Staubsauger, Spielzeuge etc. im Weg stehen und der Bereich für den Hund muss gegebenenfalls auf eine Etage ohne Treppenüberwindung reduziert werden. Sollte der Senior weiterhin zum Schlafen oder Spaziergang Etagen überwinden müssen, sollten entsprechende Übergänge versperrt bleiben und deren Überwindung dem Hund nur unter Kontrolle und Mithilfe durch seinen Halter ermöglicht werden, um das Verletzungsrisiko zu minimieren. Piccolo wird auf Treppen inzwischen getragen und ich achte penibel auf geschlossene Treppen zum Flur – er sieht das nämlich gar nicht ein. Auch der Zugang zum

Auch ein unterstützendes Tragegeschirr kann z.B. die Wohnsituation mit einem »wackeligen« Hundesenior vereinfachen und gute Dienste leisten.

Garten kann gegebenenfalls komplett barrierefrei gestaltet werden. Laufhilfe kann dem Hund auch in Form von rutschfesten Hundeschuhen, Stoppersocken, den bereits erwähnten *Toe Grips* oder gar Expandern sowie Bauchtragegurten für die Besitzerhände gewährt werden. Insgesamt sollte man seiner Kreativität zur Verbesserung der Bequemlichkeit seines in die Jahre gekommenen Schützlings freien Lauf lassen.

Man muss auch bedenken, dass der alternde Hund die Laufwege seines Halters in den eigenen vier Wänden mit der Zeit nicht mehr in dessen früherer erlernter Vorhersehbarkeit und Schnelligkeit mitgehen kann, was schlichtweg bedeutet, dass es immer öfter zu kleineren Zusammenstößen mit dem »Im-Weg-Steher« kommt – und jede dieser kleinen Kollisionen im Alltag tut einem unendlich leid, auch weil es einem wieder das Älterwerden des Hundes bewusst macht. Früher war es ein Ding der Unmöglichkeit, über den kleinen Piccolo zu stolpern, weil er immer wusste, wohin ich will – selbst wenn ich das selbst noch nicht so genau wusste. Die nachlassende Konzentration unseres Vierbeiners fordert also eine umso größere von uns. Laufwege müssen mehr und mehr an den Vierbeiner angepasst werden. Das wiederum fördert aber auch die eigene Achtsamkeit, um selbst hier einen positiven Aspekt zu finden.

Die größte Herausforderung lauert in der Küche. Während der Hund früher schon den Gedanken seines Halters »Ich muss mal eben an den Kühlschrank« vorhersehen konnte und bereitwillig aufsprang, um vor uns da zu sein, überwiegt nun immer mehr das Unverständnis des Vierbeiners darüber, warum er als alter Hund denn nun nicht einfach davor liegen bleiben darf. Und man ertappt sich zunehmend dabei, dass man denkt, man wolle das Leckere aus dem Kühlschrank ja jetzt in diesem Moment eigentlich gar nicht um jeden Preis, sondern schaut lieber kurze Zeit später noch mal nach, ob die Kühlschranktür in der Zwischenzeit vielleicht freigegeben wurde. Natürlich kann man auch dem Senior sagen, dass er aufstehen soll. Aber falls er gerade im Tiefschlaf ist, muss man sich gut überlegen, ob man ihn aufschreckt. Ich persönlich probiere dann manchmal ein sanftes Wecken über die Nase, das heißt ich platziere etwas Leckeres direkt davor und hoffe, dass der

Die Nase alter Hunde funktioniert oft noch vergleichsweise gut.

Auch die Fütterung in einer Mehrhundehaltung kann mit/für einem/n eingeschränkten Senior zur Gefahr werden und sollte beaufsichtigt werden.

Geruch im Gehirn ankommt und ihn sanft aufweckt. Meistens funktioniert es.

Alte Hunde zu haben bedeutet oftmals, einen Freifahrschein an diesen zu vergeben oder mindestens einen Kompromiss eingehen zu müssen. Anders wird man sich im Alltag mit dem Senior oft ärgern und das hat weder der treue Wegbegleiter verdient noch fühlt es sich gut an. Das gilt hier übrigens auch für die anderen Hunde: Eine feststehende Regel ist, dass der jeweilige Senior Freiheiten hat und unter meinem persönlichen Schutz steht. Meine anderen Hunde haben das gelernt und sind auch überraschend vor- und nachsichtig mit dem kleinen Piccolo. Oft habe ich den Gedanken, dass sie wissen, dass er nicht bewusst in sie hineinläuft oder auf sie drauf springt.

Wenn man mit mehreren Hunden zusammenlebt, verändert sich eventuell mit den Jahren die Kommunikationsfähigkeit der Hunde untereinander. Möglicherweise bekommt der sinneseingeschränkte Vierbeiner nicht mehr wie früher die oft nur in Nuancen stattfindenden Botschaften seiner Artgenossen mit oder er reagiert nicht mal mehr auf massives offensives Drohen, was schnell zu kleineren Missverständnissen oder auch größerem Stress führen kann. Hier ist es die Pflicht des Halters, ihn zu schützen.

Auch bei der Fütterung in einer Mehrhundehaltung muss man mit alten Hunden mehr Vorsicht walten lassen. Entweder, dass der Senior in seiner Tüddeligkeit weder die Näpfe verwechselt, ressourcenverteidigendes Drohverhalten übersieht oder vergessen hat, dass er bereits gefressen hat, oder dass er genug bekommt, weil er sich leichter von den anderen –im speziellen Fall von Piccolo vom gefräßigen, kleinen Rollbraten im Beagle-/Terrier-Pelz namens Ritaline – vom Napf verdrängen lässt und leer

Für solch einen berührenden Blick eines alten Hundes nimmt man gerne alle Beschwerlichkeiten im gemeinsamen Leben in Kauf!

ausgeht. Früher habe ich die Näpfe hingestellt und die Hunde ihrem Fressen überlassen beziehungsweise das Fressen den Hunden und bin meinen Dingen nachgegangen. Heute füttere ich Piccolo mit Abstand zu den anderen und stehe dabei, bis alle fertig sind.

Letztlich sei noch darauf hingewiesen, dass es in Hinblick auf sich eventuell anbahnende Erkrankungen äußerst ratsam ist, das Gangbild, die Schlafpositionen, die Bewegungen beim Setzen, Hinlegen sowie Aufstehen seines älteren Hundes genau zu beobachten und mit früheren Gewohnheiten zu vergleichen. Warum? Es können hierbei schon kleine Veränderungen auf anfängliche Probleme durch eingeschränkte Sinne oder gar Schmerzen hinweisen. Da dies sehr schleichende Prozesse sind und wir alle anfällig für eine Betriebsblindheit sind, ist es wichtig, regelmäßig bewusst darauf zu achten.

Wissens BOX

- Das **Zuhause** des Seniors muss an dessen Konstitution angepasst sein.
- Größere **Umstrukturierungen** sollten vermieden werden.
- Die Gestaltung sollte regelmäßig in puncto **Bequemlichkeit** und **Unfallvermeidung** überprüft werden.
- Der **Zugang** zu den Ressourcen muss stets gesichert sein.
- Mögliche **Kommunikationsschwierigkeiten** mit einem anderen Rudelmitglied müssen in Ursache und Wirkung erkannt und gesteuert werden.

Ein altes Ehepaar. Auch andere Hunde können draußen Sicherheit geben.

6.3 Wie bewege ich mich draußen?

Ganz einfach: Stellen Sie sich darauf ein, dass aus dem Spazierengehen nach und nach immer mehr ein Spazierenstehen wird. Verabschieden Sie sich davon, dass Sie das Tempo und die Richtung bestimmen. Vielmehr sind wir Seniorhundehalter zunehmend damit beschäftigt aufzupassen, dass sich unser Hund nicht unerwartet auf Abwege begibt, sich vielleicht einem anderen Rudel anschließt, in seiner Welt abtaucht, hier und da eine längere Schnüffelphase einlegt oder einfach nur eine selbst beschlossene Bewegungspause macht. Also sollten Sie sich gut überlegen, wie weit Sie sich von zu Hause beziehungsweise vom Auto aus weg wagen, damit die Kräfte Ihres Hundes auch noch für den ganzen Rückweg reichen. Es ist sogar äußerst ratsam, bei Hitze oder Kälte zukünftig viele kleine Einheiten an Spaziergängen zu machen anstatt Rekorde im Seniorensport aufstellen zu wollen. Aber keine Angst: Selbstverständlich können Sie durch Ihre Aufmerksamkeit, den engen Kontakt, Motivation und kleine Aufgaben auch

Schnüffelnase.

Bernd Schröder

Für den Notfall dabei: ein Trage- bzw. Bergegeschirr.

weiterhin gemeinsam Spaß mit Ihrem Hund haben. Um mit dem schwerhörigen Hund gegebenenfalls auch auf Distanz kommunizieren zu können, ist es hilfreich, sich ein Vibrationshalsband zuzulegen und bestehende Hörkommandos schon rechtzeitig auf Sichtzeichen umzutrainieren. Bilinguale Erziehung bringt Vorteile.

Lebt Ihr Hundesenior in einer Gruppe mit stark variierender Altersstruktur, kann es erforderlich werden, dass Sie Ihre Spaziergänge nur mit einzelnen und passenden Mitgliedern separat antreten müssen. Soll beispielhaft heißen, dass es keine gute Idee ist, wenn der Youngster mit seiner Energie den Senior permanent zu kräftezehrenden Spielchen animieren möchte. Umgekehrt kann genauso das älteste Rudelmitglied unwillkürlich für eine fehlende Auslastung der noch voll im Leben stehenden Artgenossen sorgen. Natürlich kommt es immer darauf an, inwieweit einzelne Hunde in ihrer hündischen Familie draußen miteinander interagieren. Ich habe erlebt, dass sich hier auch an den Langsamsten angepasst werden kann. Vielleicht erkennt der eine oder andere ja plötzlich, dass nicht überwiegend Action, sondern auch mal intensives Zeitungslesen während eines gemeinsamen Spaziergangs sehr erfüllend sein kann. Und sonst bleiben für das junge Gemüse auch genug Mauselöcher, mit denen man sich beschäftigen kann.

Hier ist also der Halter gefragt, für eine ausgewogene Struktur und Beschäftigung zu sorgen,

Wissens **BOX**

- Die gewohnten **Spaziergänge** sollten erforderlichenfalls hinsichtlich Länge, Häufigkeit, Achtsamkeit sowie Beschäftigungslevel seniorengerecht angepasst werden.
- Altersgemäße körperliche und geistige **Förderung** garantiert auch zukünftig intensive und freudige Ausflüge mit dem Seniorhund.
- **Sichtzeichen** erleichtern die Kommunikation auf Distanz.
- Ist der Senior Teil eines Rudels mit unterschiedlicher Altersstruktur, muss das **Gefüge** pro Spaziergang gegebenenfalls neu sortiert werden.

damit keiner zu kurz kommt. Und so wichtig auch Struktur und feste Rituale mit zunehmendem Alter werden, sollte man dennoch die Spazierwege variieren. Neue und abwechslungsreiche Gerüche, Bodenuntergründe etc. bieten neue Reize und regen zum Denken an.

Rita-Line, 4 Jahre alt, Meiers bestes Mittel gegen das Altern.

Aysezgicmeli/shutterstock.com

Strukturplan für Seniorhunde. Achtung, dieser Plan ist nur eine Anregung! Es handelt sich um ein Beispiel, wie Sie es machen könnten. Für jeden Senior und seinen Besitzer gelten eigene Vorlieben, Tagesrhythmen etc. pp.

6.4 Struktur im Alltag

Hunde lieben Struktur, sie hilft dem Hund durchs Leben! Andererseits strukturieren unsere Hunde unseren Alltag. Sie schaffen Eckpunkte in unserem Leben, die einfach dazugehören. Das ist für jeden Hund wichtig, aber für Seniorhunde wird das umso wichtiger. Sie nehmen ihm dadurch Entscheidungen ab und geben ihm Sicherheit. Dazu gehören auch Rituale. So flexibel Hunde sind und so gut sie sich an unser Leben anpassen, so wichtiger wird alten Hunden dann doch zunehmend eine verlässliche Routine, die über geregelte Tagesabläufe, Sicherheit und Entspannung zu einem inneren Gleichgewicht bei ihnen führt. Zuverlässigkeit und innere Ruhe brauchen die Senioren nun mehr denn je in ihrem Hundealltag, oder anders ausgedrückt werden Hunde im Alter tendenziell zu Dauercampern mit geregeltem Ablauf. Allein die Tatsache, dass die graue Schnauze nun die meisten Stunden am Tag schläft, bedeutet für Sie eine gut bedachte, strukturierte Einteilung seiner wachen Phasen, denn diese dienen ihm zur Deckung seiner übrigen Bedürfnisse. Das sind neben seiner neuen Hauptbeschäftigung Ruhen/Schlafen zum einen die Nahrungsaufnahme und zum anderen der Sozialkontakt mit seinen Menschen und den vierbeinigen Lebensgefährten im Haushalt, darüber hinaus die Gassigänge inklusive der Interaktionen mit den menschlichen und hündischen Familienmitgliedern, mit fremden Artgenossen (falls erwünscht) und der Umwelt. Schließlich wären da noch die sinnvoll zu planenden Beschäftigungen wie Kopf- oder Nasenarbeit. Vielleicht steht auch noch ein regelmäßiger Besuch beim Physiotherapeuten im Stundenplan des Methusalems. Da bleibt unterm Strich nicht mehr allzu viel Zeit für Extras. Und weil Frauchen und Herrchen

Struktur und Rituale erleichtern dem Senior den Alltag und die Orientierung.

nebenbei auch noch Geld für das Hundefutter verdienen müssen, kann der alternde Hund hier schon mal zur Herausforderung werden.

Oder was machen Sie, wenn Ihr Senior morgens plötzlich länger schlafen möchte, wo er doch bisher immer zuverlässig aufsprang, um mit Ihnen den Tag noch vor der Arbeit mit einem ausgedehnten Spaziergang und anschließendem Frühstück gemeinsam zu beginnen? Oder er bekommt es gar nicht mit, wenn Sie zum Gassigehen ins Horn stoßen wollen beziehungsweise von der Arbeit nach Hause kommen und sich schon auf den gemeinsamen Feierabendspaziergang freuen. Vieles bleibt tatsächlich auf der Strecke, weil man unter Umständen doch sehr eingeschränkt ist, um den alten Hund adäquat zu versorgen und seine Bedürfnisse zu befriedigen. Auch kann man den alten Hund oft nicht mehr einfach so mitnehmen – oder aber das Alleinbleiben ist zum Problem geworden und bereitet ihm Stress. Wenn Ihr Seniorhund nun sein wohlverdientes Programm in einzelnen Zeiteinheiten benötigt, nimmt das insgesamt viel mehr Zeit in Anspruch als wenn man alles in einem Aufwasch erledigen kann.

Wichtige Rituale

In diesem Zusammenhang erkennt man die Bedeutung und den Wert von festen Ritualen, die man in einen Routinetag für jede Interaktion mit dem Hund einbauen kann. Auch beim

Senior wird sich eine immer gleich abspielende Einleitung und Beendigung eines gemeinsamen Events ins Gedächtnis einspeichern.

Wenn Sie beispielsweise in etwa immer zur gleichen Zeit mit Ihrem älteren Hund das vorbereitende Ritual zum Spazierengehen durchspielen (Schuhe/Jacke anziehen, Halsband anlegen, entsprechende Leine zeigen, Tüten abreißen, Leckerlis einstecken und vielleicht schon mal eins springen lassen etc.) und damit so frühzeitig beginnen, dass sich Ihr Hund geistig und körperlich die nötige Zeit nehmen kann, um sich auf dieses oder jenes bevorstehende Ereignis vorzubereiten, entwickelt er während des Rituals bereits Vorfreude darauf, kann sich darauf einstellen und sich außerdem noch mal ordentlich räkeln und strecken. Selbstverständlich können Sie auch gerne begleitend zu Ihrem Ritual bestimmte Wörter oder Sätze von sich geben – vorausgesetzt der Herr oder die Dame kann diese noch hören. Während sich der Hund noch sammelt, kann man beobachten, in welcher Tagesform er heute ist und diese Information für die Gestaltung des Spaziergangs nutzen. Genauso wichtig ist es, durch ein Ritual – das kann ein nur dafür vorgesehenes Handzeichen sein – ein Ereignis (beispielsweise die kurze Trainingseinheit) zu beenden, damit der Senior weiß, dass er jetzt abschalten und sich zufrieden zur Ruhe begeben kann.

Insgesamt kann man dadurch die etwas aus dem Rhythmus gekommene innere Uhr des Hundeseniors wieder besser auf den vorgesehenen Zeitplan einstellen. Mit den Fütterungszeiten gibt es in unserem Schröder-Seniorenrudel übrigens nur geringgradige

Wenn aus Spazierengehen so langsam Spazierenstehen oder -sitzen wird ..., dann ist das auch völlig in Ordnung!

Wissens
BOX

- Struktur im **Alltag** ist für den Seniorhund äußerst wichtig.
- Eine verlässliche **Routine** bietet ihm bei jeder gemeinsamen Aktivität die nötige Sicherheit und Entspannung.
- Über **Sicherheit und Entspannung** findet der Senior sein inneres Gleichgewicht.
- **Rituale** helfen auch dem älteren Hund, sich mit seinen Möglichkeiten auf das bevorstehende Event freudig einzustellen und ebenso dabei, dieses zu beenden.
- Über Routine und Rituale können Sie Ihren Senior wieder besser an Ihren **Wunschzeitplan** gewöhnen und machen ihm durch eine bessere Planbarkeit das Leben leichter.

Verschiebungen und nur ganz selten mal den einen oder anderen, der seinen vollen Futternapf komplett verschläft, aber mit Sicherheit nach dem Wachwerden sofort nachfordert (schließlich sind die Duftmoleküle des Futters noch in der Luft!). Bis dahin wird der Napf eben gut vor den anderen versteckt.

In Mehrhundehaushalten – egal mit einem oder mehreren Senioren – kommt zu einem reibungslosen Alltag noch die gewisse »Kleinigkeit« hinzu, die Bedürfnisse aller einzelnen Hunde zu berücksichtigen und dabei ein kontinuierlich entspanntes Gruppengefüge aufrechtzuerhalten. Je harmonischer die einzelnen Hunde miteinander kommunizieren können oder eben auch nicht kommunizieren müssen, desto fester und ausgeglichener ist diese Struktur im Alltag. Natürlich ist es nicht immer einfach, den gemeinsamen Nenner zu finden, aber in einer gut eingespielten Gruppe stellt sich jeder auch mal auf den anderen ein oder noch praktischer alle auf einen, der dann mit seinem Vorbild (»Jetzt ist schlafen angesagt«) die anderen ohne Probleme mitzieht. Probiert doch mal einer, zu einem Programmwechsel im Stundenplan zu animieren, schafft das Ritual für alle hier sehr schnell und zuverlässig Abhilfe.

6.5 Sudoku – Kopfarbeit und Training

Das gut dosierte geistige und körperliche Fordern und Fördern des Seniorhundes ist zweifelsohne wichtig und kann maßgeblich zu dessen Wohlbefinden und psychischer wie physischer Gesunderhaltung beitragen. Oberste Prämisse ist, das Maß der Auslastung stets an die jeweilige Konstitution und Gesundheit des älteren Gefährten anzupassen. Natürlich gilt das für jeden Hund, aber Hundesenioren bergen noch mehr die Gefahr, durch die Betriebsblindheit des Halters überfordert zu werden. Ich muss mir regelmäßig ins Gedächtnis rufen, wie alt die beiden Herren inzwischen sind und dass vieles, was früher selbstverständlich war, heute eben nicht mehr geht. Sie würden für mich vieles immer noch tun, aber genau darum muss ich aufpassen, dass es nicht zu viel wird. Sie

New Africa/shutterstock.com

Dic Vorwendung von Spielzeugen – egal ob für Katze oder Hund – verbessert die Kognition.

sollten aber – vor allem in Hinblick auf geistige Auslastung – auch nicht unterfordert werden, um das Gehirn in Schuss zu halten und zu fordern. Berücksichtigen Sie bei allem Training aber immer auch die essenziellen Ruhephasen davor und danach.

Sportliches für den Seniorhund

Falls der ins Alter gekommene Begleiter eine Sportkarriere hinter sich hat und darin mit Begeisterung aufgegangen ist, liegt es natürlich nahe, ihm auch jetzt noch etwas in dieser Richtung zu bieten, vorausgesetzt er hat immer noch Interesse daran – oder besser nicht? Zumindest sollte der Senior natürlich auf Sprünge, Spurts, abrupte Bremsungen und enge Wendungen gänzlich verzichten,

Die Auslastung sollte natürlich dem Gesundheitszustand des Hundes angepasst sein. Mischlingshündin Ari, ursprünglich aus Athen, 14 Jahre alt.

Katharina Trümner

Cavaletti-Training hilft bei der Aufrechterhaltung der Gedächtnisleistung und der Körpermotorik.

da er – mit oder ohne Sportvergangenheit – mit größter Wahrscheinlichkeit mindestens unter Gelenkarthrosen leidet. Aber ein angemessenes Tempo mit gleichmäßigen, bodenständigen Bewegungen ist durchaus noch erlaubt.

Cavaletti-Training

Hierbei gilt es, die auf dem Boden (oder in ganz geringer Höhe) platzierten Stangen in gemäßigtem Tempo berührungsfrei zu überwinden. So bietet dieser Geschicklichkeitsparcours eine sehr gute Kombination aus leichter Bewegung und hoher Konzentrationsarbeit und fördert die Koordination sowie die Motorik.

Ist die Mobilität gesundheitlich bereits eingeschränkt, scheiden Aktivitäten mit zu hohem körperlichen Anspruch aus dem großen Pool der Möglichkeiten selbstverständlich aus. Es gibt aber glücklicherweise auch Sportarten wie Hoopers und Rally Obedience, die durchaus seniorengerecht sind oder die man durch kleine Modifikationen dazu machen kann:

Hoopers

Da sich hierbei die zu durchlaufenden Tore ohne Hindernis auf dem Boden befinden, kann sich auch der nicht mehr so sportliche Hund konzentriert in vorgegebener Reihenfolge in seinem Tempo durch diese bewegen. Allerdings sollte die Benutzung der anderen Geräte wie Hürden, Tunnel und Wippe individuell und sorgfältig auf das Können des Seniors abgestimmt werden.

Rally Obedience

Auf enge Wendungen sollte gegebenenfalls verzichtet werden, gleichfalls auf zu häufige Sitz- und Platz-Positionen. Insgesamt aber kann diese Sportart durchaus auch von älteren Hunden betrieben werden.

Sudoku für Hunde?

Geistiges Training stellt für jeden Hundesenior eine adäquate Beschäftigung dar, vorausgesetzt natürlich, das Interesse und die Gehirngesundheit sind gegeben. Bevorzugt der Vierbeiner eher die Kopf- und/oder Nasenarbeit, stehen

Wer rastet, der rostet! Angepasste Beschäftigung bringt Abwechslung in den Alltag und hält den Bewegungsapparat fit.

Der Hund sucht tolle Lerckerchen zwischen den verschiebbaren Stangen. Die Kopf- und Nasenarbeit wir dabei gefördert. Der Gelenk- und Muskelapparat des Seniorhundes wird jedoch geschont.

Der Hund spielt mit seinem Frauchen das sogenannte Hütchenspiel. Unter welchem Hütchen liegt wohl das Leckerli?

einem mit dem Erlernen neuer Kommandos, Suchspiele (Futter, Gegenstände), Tricks und Intelligenzspielen bis hin zu Apportieren, Fährte oder Personensuche je nach körperlicher Verfassung viele Beschäftigungsmöglichkeiten zur Verfügung.

Auch hier gilt es zu fördern beziehungsweise herauszufinden, welche Art der Beschäftigung das Interesse des Hundes weckt oder den Spaß dabei aufrechterhält, während man gleichzeitig im Rahmen seiner Möglichkeiten bleibt. Auch der Seniorhund kann durchaus bis ins hohe Alter noch neue Dinge entdecken und lernen oder mindestens die bereits erlernten Übungen und Kommandos weiterhin abrufen. Versuch macht klug – oft kann man einfach ausprobieren, ob der betagte Begleiter eher an bekanntes Arbeiten anknöpfen möchte oder mehr Lust an neuen Beschäftigungsfeldern entwickelt.

Ganz egal, ob der Hund an einer sportlichen oder geistigen Beschäftigung oder an einer Kombination aus beidem Freude zeigt – die Hauptsache ist, dass Körper und Gehirn adäquat in Schwung bleiben und bei der gemeinsamen Beschäftigung ordentlich »Glückshormone« ausgeschüttet werden. Bei gemeinsamen Erlebnissen wird zusätzlich das Bindungshormon Oxytocin ausgeschüttet, das nicht nur Stress dämpfend wirkt, sondern auch die Bindung fördert.

Die wichtigen Ruhephasen

Unabhängig von der Art der Beschäftigung haben die Ruhephasen davor und danach einen besonders hohen Stellenwert für den Senior und sollten in ausreichendem Maße in alle Aktivitäten eingeplant werden. Dabei richten

»Na, worauf hast Du heute Lust?«

sich Länge und Häufigkeit der Auszeiten immer individuell und je nach Kondition und Gesundheit auf den Hund aus.

Wissens BOX

- Geistige und körperliche **Beschäftigung** sind für das Wohlbefinden des Seniorhundes essenziell.
- In adäquater Form können leichte sportliche **Aktivitaten** sowie Kopf- und **Nasenarbeit** zur körperlichen und geistigen Gesunderhaltung beitragen.
- Auch der ältere Hund kann noch neue Dinge erlernen, aber zumindest durch **sinnvolle Beschäftigung** das bereits Erlernte beibehalten.
- **Freude und Spaß** beim Trainieren fördert die Ausschüttung von Glückshormonen.
- Das stärkt **Resilienz** und Immunsystem.

6.6 Pflege und Wartung

Neben der Anpassung an einen mittlerweile eventuell verringerten Kalorienbedarf Ihres Seniors kann die Fütterung darüber hinaus auch auf die eine oder andere mögliche Erkrankung Ihres Vierbeiners hin abgestimmt werden. Möglicherweise verändert der alternde Hund auch sein bisher immer konstant präsentiertes Futteraufnahmeverhalten in Sachen Menge, Schnelligkeit, Häufigkeit und Geschmack. Veränderungen sollten immer gut beobachtet werden, um gegebenenfalls beurteilen zu können, ob neuerliche Gewohnheiten unbedeutend sind oder ob sie Hinweise auf gesundheitliche Probleme geben. So kann eine deutlich reduzierte Futteraufnahme lediglich das Resultat eines verminderten Stoffwechsels des alternden Hundes widerspiegeln oder aber im Zusammenhang mit einer beginnenden Erkrankung stehen. Auch das Einfordern einer auffällig größeren als der bisher üblichen Futtermenge kann ein Grund für organische oder verhaltensmäßige Probleme sein und gehört abgeklärt.

Die Körperpflege des Hundes ist zweifelsfrei in jedem Alter wichtig für die Erhaltung seiner Gesundheit. Täglich schaut man seinen Vierbeiner unbewusst oder bewusst an

Orthesen können den Bewegungsapparat entlasten.

und erkennt automatisch Auffälligkeiten am Haarkleid oder an einzelnen Körperstellen wie Augen, Ohren, Maul, Anogenitalbereich und Gliedmaßen. Das genaue Hinschauen beziehungsweise Abtasten von einzelnen Regionen in regelmäßigen Abständen wird darüber hinaus mit zunehmendem Alter immer sinnvoller und wichtiger. Das (rassebedingt mehr oder weniger regelmäßig notwendige) Kämmen und Bürsten des Fells dient nicht nur der Aufrechterhaltung einer gesunden Haut, sondern stärkt durch diesen sehr intensiven Kontakt die Bildung und Aufrechterhaltung einer stabilen Bindung zwischen Hund und Halter. Außerdem sind das willkommene taktile Reize für den unter Umständen relativ reizarm lebenden, sinneseingeschränkten Hund. Augen, Ohren und Maulregion sollten immer frei von auffälligen Veränderungen wie abnormen Stellungen, Verfärbungen, Gerüchen, Strukturen (Parasiten, Fremdkörpern, Schwellungen/ Umfangsvermehrungen) und Funktionalität sein. Das Gleiche gilt für den Analbereich, die äußeren Geschlechtsorgane sowie Pfoten. Im Fall von Abweichungen, die man eventuell selbst nicht einschätzen kann, ist der Besuch beim Tierarzt immer angeraten. Beim älteren Hund kann mitunter die nötige Körperpflege intensiver werden, wenn sich der Senior beispielsweise durch reduzierte Spaziergänge die Krallen nicht mehr genügend ablaufen kann. Diese sollten auf jeden Fall regelmäßig kontrolliert werden. Leider übersehen viele Halter das regelmäßig und die Hunde stehen mit eingewachsenen und schmerzhaften Krallen in der Praxis. Die Krallenlänge muss regelmäßig kontrolliert und gegebenenfalls mit einer speziellen Krallenschere oder einem Dremel rechtzeitig korrigiert werden. Das Krallenkürzen kann durch den Halter selbst, einen Tierarzt oder den Hundefrisör erfolgen.

Auf die Fell- und Krallenpflege sollte beim alten Hund ein besonderes Augenmerk gelegt werden.

Physiotherapie für den Senior

Die Physiotherapie kann beim älteren Hund eine sehr wertvolle begleitende Maßnahme zur Gesunderhaltung sein, beispielsweise bei Problemen mit dem Bewegungsapparat. Des Weiteren dient sie auch wesentlich der Wiederherstellung der Gesundheit und dem Wiederaufbau der allgemeinen Konstitution nach Operationen. Bei Schmerzen und reduzierter Mobilität lohnt es sich immer, über die tierärztliche Untersuchung hinaus abzuklären, ob die Lebensqualität des Seniors durch spezifische Anwendungen am Knochen- und Muskelapparat zusätzlich verbessert werden kann. Viele Hunde genießen die Physiotherapieeinheiten.

alexoo photography/shutterstock.com

Der Hund wird im Fahrradkorb transportiert.

Ein Hunderucksack kann ein nützliches Hilfsmittel sein, allerdings sollte man dann darauf achten, dass dieser auch für den Hund bequem ist.

pixarno – stock.adobe.com

Altershilfen können die Lebensqualität verbessern

Häufig ist es notwendig, dem Seniorhund und/ oder seinem Besitzer sprichwörtlich ein wenig unter die Arme zu greifen, zum Beispiel wenn das Treppensteigen, der Sprung in das Auto oder sogar das Gassigehen immer schwerer fallen. Im Fachhandel gibt es zahlreiche Angebote für Indoor- und Outdoor-Accessoires, um die Lebensqualität zu verbessern. Die folgende Liste soll einen Anreiz für eine entsprechende Recherche geben, sie erhebt aber keinen Anspruch auf Vollständigkeit.

Hilfsmittel	Anwendungsbeispiele
Gehhilfen, Tragehilfen, Bergegeschirr	Unterstützung der Hinter- oder Vorderhand beim Treppensteigen, Aufstehen, Gassigehen oder Transport eines schweren Hundes im Notfall
Hundebandagen, Grip-Schuhe oder Toe Grips	Unterstützung schwacher Gelenke, Erleichterung des Laufens auf rutschigem Boden, Geräuschdämmung, z.B. auf Laminat
Orthopädische Hundebetten, Liegeplätze	Bei vorgeschädigten Hunden mit Problemen der Wirbelsäule oder der Hüfte, sprich Spondylose oder Hüftdysplasie, für eine orthopädische Lagerung; orthopädische Kofferraummatten, die auch den Transport im Auto gesundheitsschonend ermöglichen
Einsteighilfen, Rampe für das Auto	Gelenkschonung von Hund und Besitzer
Inkontinenzhilfen	Windeln, Inkontinenzdecken und Unterlagen
Rucksäcke, Fahrradanhänger, -körbe, Handwagen, Strandbuggy	Verbesserung der Mobilität des Seniorhundes
Kühlmatten, Kühlwesten	Schonung des Herz-Kreislauf-Systems bei Hitze und starker Sonneneinstrahlung
Vibrationshalsband	Kommunikation mit einem ertaubten Hund
GPS-Tracker	Positionsverfolgung beim dementen Hund
Schnüffelteppich	Nasenarbeit, Kognitionsstärkung
Erhöhte Futterplattform	Erleichterung bei Gelenkarthrosen, Wirbelsäulen- und Muskelproblematiken
Ruhebereiche ohne Zugluft	Besseres Ausruhen, Stärkung der Regenerationsfähigkeit

Piccolo liebt seinen Hunderucksack, den er unterwegs auch gerne als Rückzugsort nutzt.

Wissens BOX

- Die **Fütterung** des alternden Hundes sollte an den Stoffwechsel und etwaige Erkrankungen angepasst werden.
- Veränderte Verhaltensweisen bei der Futteraufnahme können normal sein, aber auch **Hinweise** auf ein gesundheitliches Problem liefern.
- Die **Beobachtung** und Pflege des Hundes ist wichtiger denn je.
- Die regelmäßige **Überwachung** aller Körperregionen und des -gewichts nimmt an Wichtigkeit zu.
- **Physiotherapeutische Maßnahmen** können das Wohlbefinden und die Lebensqualität des Seniorhundes mitunter wesentlich verbessern und sind immer einen Versuch wert.

6.7 Wenn es zu heiß oder kalt wird

»Unsere Pelzträger können ihren Mantel nicht ausziehen«

Hunde haben eine physiologische Körperinnentemperatur von circa 38 bis 39 °C (Welpen bis 39,4 °C) und können diese als gleichwarme Tiere normalerweise unabhängig von der Umgebungstemperatur aufrechterhalten beziehungsweise regulieren. Bei hohen Außentemperaturen, nach starker körperlicher Anstrengung oder in Stresssituationen kann eine Erhöhung auf 39,3 °C durchaus normal sein.

Kommt es zu Abweichungen der Körpertemperatur nach unten oder oben, ist der erwachsene Hund in der Lage, Thermoregulation zu betreiben, das heißt es kommt bedarfsweise zur Aktivierung von Mechanismen zu erhöhter Wärmeproduktionoder verstärkter Wärmeabgabe.

Ein Hundemantel kann für ältere Herrschaften bei kalten Temperaturen Sinn machen, auch für Hunde, die bisher nie ein Problem mit der Kälte hatten.

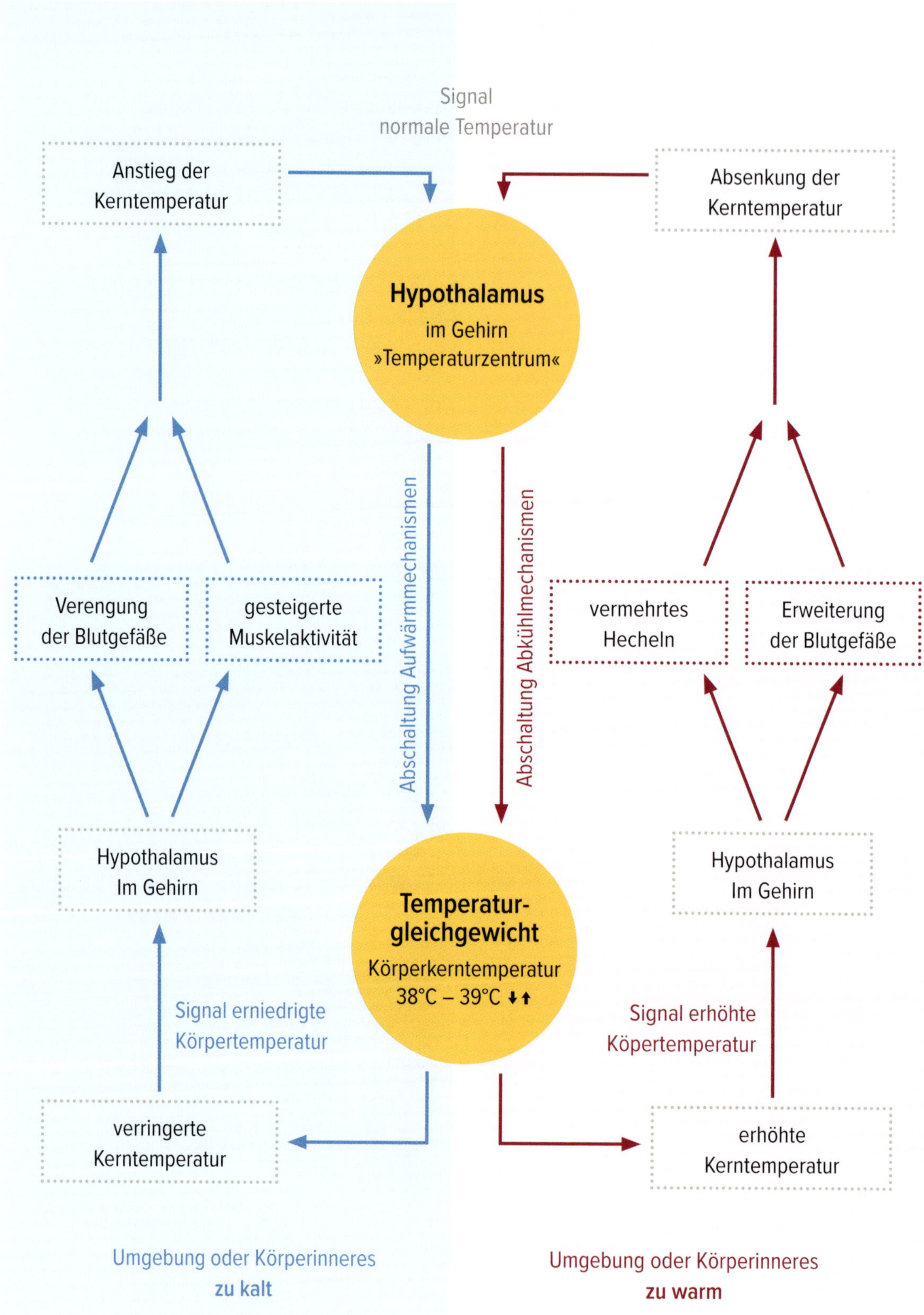
Signal
normale Temperatur
Anstieg der
Kerntemperatur
Absenkung der
Kerntemperatur
Hypothalamus
im Gehirn
»Temperaturzentrum«
Abschaltung Aufwärmmechanismen
Abschaltung Abkühlmechanismen
Verengung
der Blutgefäße
gesteigerte
Muskelaktivität
vermehrtes
Hecheln
Erweiterung
der Blutgefäße
Hypothalamus
Im Gehirn
Temperatur-
gleichgewicht
Körperkerntemperatur
38°C – 39°C
Hypothalamus
Im Gehirn
Signal erniedrigte
Körpertemperatur
Signal erhöhte
Köpertemperatur
verringerte
Kerntemperatur
erhöhte
Kerntemperatur
Umgebung oder Körperinneres
zu kalt
Umgebung oder Körperinneres
zu warm

Hierfür hat der Hund, ausgestattet mit seinem Winter- beziehungsweise Sommerfell zur Isolation des Körpers von außen, zunächst die einfache Möglichkeit, sich in die Sonne oder den Schatten zu begeben. Oft reicht das allein schon aus, um die Körperkerntemperatur konstant zu halten.

Wolle ab?

An dieser Stelle lohnt sich ein Exkurs zu der oft sehr emotional geführten Debatte »Soll die Wolle im Sommer ab oder nicht?« Viele Hundebesitzer haben als Argument, dass der Hund dann nicht mehr so schwitzt. Dabei verkennen sie, dass die Hunde ihre Körpertemperatur hauptsächlich über die Zunge beziehungsweise Ventilation oder über die Pfoten regulieren und nicht über die Fellfläche. Das betrifft übrigens alle Hunde, nicht nur die Senioren.

Prinzipiell besteht das Fell aus zwei Lagen, nämlich Deckhaar und Unterwolle. Natürlich gibt es riesengroße rassetypische Unterschiede. Das Deckhaar schützt vor Sonne, Hitze, Nässe, Schmutz und im besten Fall vor Plagen wie Mücken und Zecken. Die Funktion ist vergleichbar mit der einer doppelwandigen Thermoskanne. Die dicht auf der Haut sitzende Unterwolle bildet die innere Schicht, das Deckhaar die äußere. Die Haarschichten sterben von innen nach außen ab, weswegen die Unterwolle regelmäßig ausgebürstet werden muss. Totes Haar kann die Durchlüftung nicht gewährleisten und hilft der Regulation der Körpertemperatur nicht wirklich, zumal ja gleichzeitig auch neue Haare nachwachsen.

Beispiel für die Deckhaarstruktur in Nahaufnahme.

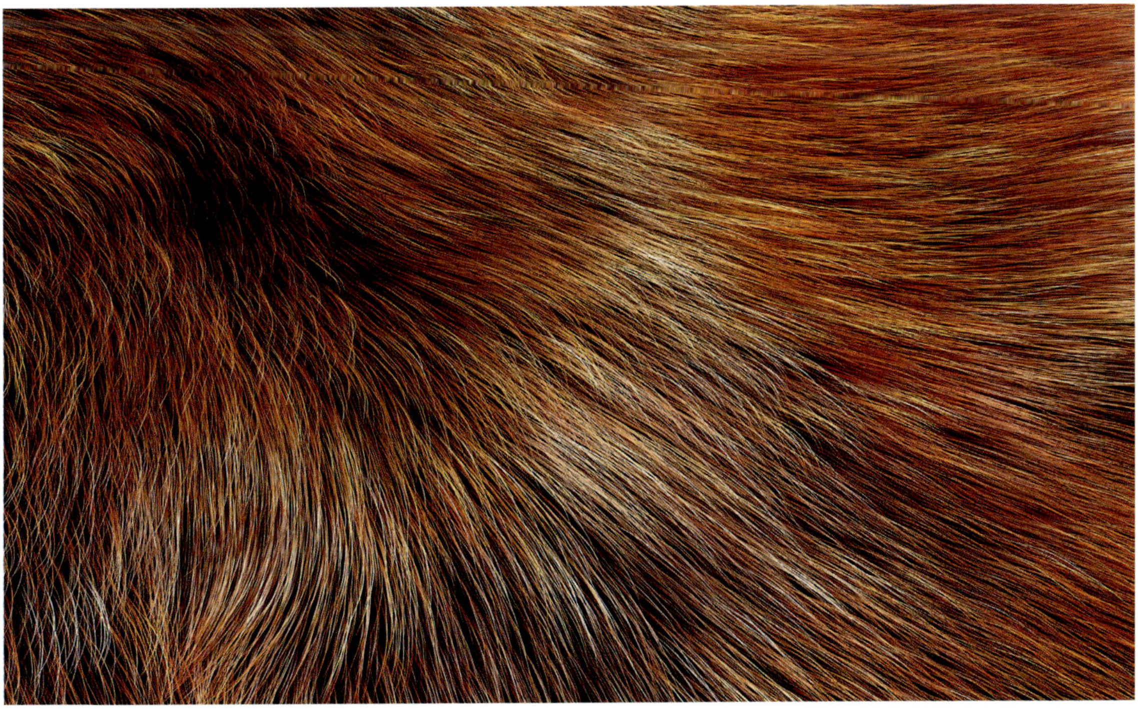

domoo/shutterstock.com

Bernd Schröder

Rasmus (Border Collie, 13 Jahre) legt sich für ein Nickerchen bei 34°C Außentemperatur in den Schatten auf die kühleren Terrassenplatten.

Bei Seniorhunden ist die Fellpflege besonders wichtig, denn viele von ihnen sind Kastraten, bei denen das Fellkleid meist eh schon verändert ist. Die Unterwolle geht nicht mehr wie gewohnt aus, während das Deckhaar trotzdem ausgeht. Manche Althunde können ihr Fell nicht mehr wie gewohnt selbst pflegen, es kommt vielleicht zu Verfilzungen, Kotverunreinigungen, Juckreiz usw. Die Seniorhunde wehren sich aufgrund von Empfindlichkeiten und Arthrose häufiger und das, was wir Menschen da an Fell gezüchtet haben, können die Hunde in vielen Fällen gar nicht selbst pflegen. Da wäre eine Schur betroffener Körperregionen, unabhängig von der Thermoregulation, eventuell der richtige Weg. Fellschur Ja oder Nein ist und bleibt immer eine individuelle Entscheidung. Allerdings sollten beim Seniorhund nicht nur die Optik und Unversehrtheit des Fells im Vordergrund stehen, sondern eher die Störfaktoren für den Hund.

Bei Hitze ist es durchaus sinnvoll, wenn der Hund trotz seiner Vorliebe für Sonnenbäder die Möglichkeit hat, durch ausgestrecktes Liegen auf kälteren Untergründen Wärme an den Boden abzuleiten.

Bei uns zu Hause ist dies auch ein Grund für unser Rudel, die Küche als bevorzugten Rendezvousplatz zu wählen. Kühlmatten und -westen oder schlichtweg feuchte bis nasse

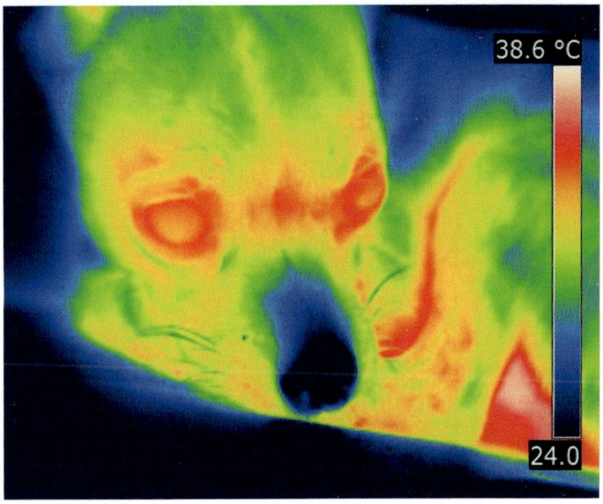

Saman Peters/shutterstock.com

Thermografie-Bild eines kleinen Hundes in Ruhe auf seinem Kopfkissen. Man sieht, dass die Augen besonders gut durchblutet werden und ungefähr Körperkerntemperatur aufweisen, während die Nase eine viel kühlere Zone darstellt.

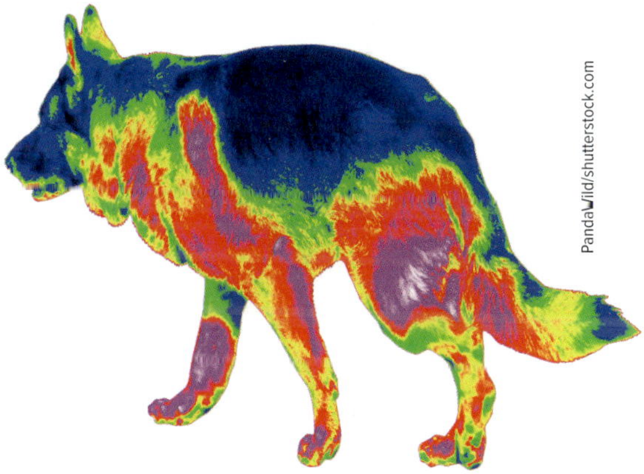

PandaWild/shutterstock.com

Thermografie-Bild eines Schäferhundes. Man sieht, dass die Muskulatur sehr warm ist, auch an den Extremitäten. Felldecke und Kopfbereich sind vergleichsweise kühl.

Tücher als Liegeplätze stellen darüber hinaus eine praktikable zwischenzeitliche Hilfestellung in ausschließlich warmer Umgebung dar. Die Notwendigkeit, rund um die Uhr freien Zugang zu Wasserquellen zu haben, sei an dieser Stelle nochmals unterstrichen.

Als weitere Regulationswege für eine stabile Körperkerntemperatur dienen die Veränderung der Durchblutung (periphere Eng- oder Weitstellung der Gefäße) und ganz wesentlich das Hecheln, denn der Hund kann aufgrund lokal begrenzter Schweißdrüsen lediglich über seine Pfoten- und Fußballen schwitzen und die Wärmeabgabe maßgeblich nur über die Atmung beeinflussen. Dieses muss neben einer ermöglichten Wasseraufnahme immer auch bei Verwendung eines Maulkorbs berücksichtigt werden.

Natürlich gilt beim Hund wie bei uns, dass jeder seine individuelle Wohlfühltemperatur (thermoneutrale Zone: Zone, in der der Körper nur wenig Aufwand betreiben muss, um seine Temperatur zu erhalten, beim Hund grob etwa zwischen ± 15 bis 25 °C, schwankt individuell je nach Fellbeschaffenheit und Statur) wählt und unterschiedlich gut mit Hitze oder Kälte klarkommt. Man bedenke allein den drastischen Unterschied zwischen einem Husky und einem mexikanischen Nackthund. Unabhängig davon aber beeinflussen Alter, Körpergröße und damit Oberfläche, Fellbeschaffenheit sowie Konstitution und Gesundheitszustand maßgeblich, wann der Körper zu überhitzen droht. Wenn man also seinem Seniorhund beim Sonnenbaden unter gleichzeitig starkem Hecheln zusieht, muss man manchmal für seinen Hund entscheiden, wann der Zeitpunkt für einen Platzwechsel in den Schatten gekommen ist. Denn es könnte ja sein, dass dieser gerade nicht den Sinn im erforderlichen Kraftakt des Aufstehens sieht. Manchmal kommt der Kollaps schneller als man denkt. Gesundheitlich eingeschränkte Senioren sollten per se auf einen allzu langen Aufenthalt in der Sonne verzichten, denn wie schnell kann eine Überhitzung mit drohender Dehydratation dem Hund mit Herzproblem, eingeschränkter Beweglichkeit oder gar Demenz zusätzlich gefährlich werden.

»Weisheit ist die Klugheit des Herzens.«

Thermoregulation des Seniorhundes durch Erzeugen von Verdunstungskälte durch Hecheln.

Hecheln hilft

Beim Hecheln macht der Hund bei unterschiedlich stark geöffnetem Kiefergelenk viele aufeinanderfolgende kurze Atemzüge. Während bei normaler Atmung lediglich 15 bis 30 Atemzüge pro Minute gemacht werden, können es beim Hecheln 200 bis 400 Atemzüge in derselben Zeiteinheit sein.

Beim Hecheln wird immer nur jeder zehnte Atemzug (etwa 5 ml Atemzugvolumen bei einem kleinen bis mittelgroßen Hund) durch eine entsprechende Muskelventilstellung im Bereich der Luftröhre in Richtung Lungenflügel gestellt. Dies dient dem Gasaustausch (Sauerstoff wird aufgenommen, Kohlendioxid wird aus dem Körper ausgeschleust). Wäre das nicht so, hätte der Hund enorme Probleme mit dem Säurestatus des Blutes. Da in der Luftröhre kein Gasaustausch stattfindet, nennt man die Ventilation, die in diesem Bereich stattfindet, auch Totraumventilation. Das wären in meinem Beispiel hier bei einer Frequenz von 400 Atemzügen pro Minute minus 10 % Lungenventilation 1,8 Liter! Die eigentliche Funktion des Totraums ist das Anwärmen und Anfeuchten kühlerer oder kälterer Luft, damit die Außenluft, die in die Lunge geleitet wird, nicht zu trocken oder zu kalt ist. Beides würde den Gasaustausch behindern und die äußerst empfindlichen Epithelzellen im Lungengewebe schädigen.

Beim Hecheln wird die Luft in sehr schnellem Tempo an der Nasenschleimhaut und den oberen Atemwegen vorbeigeführt, dadurch abgekühlt und die entstehende Feuchtigkeit

Während des Hechelns wird überwiegend über die Nase eingeatmet und über das Maul ausgeatmet. Das stellt sicher, dass das Nasenepithel neben der Temperaturregulation auch für das Riechen zur Verfügung steht.

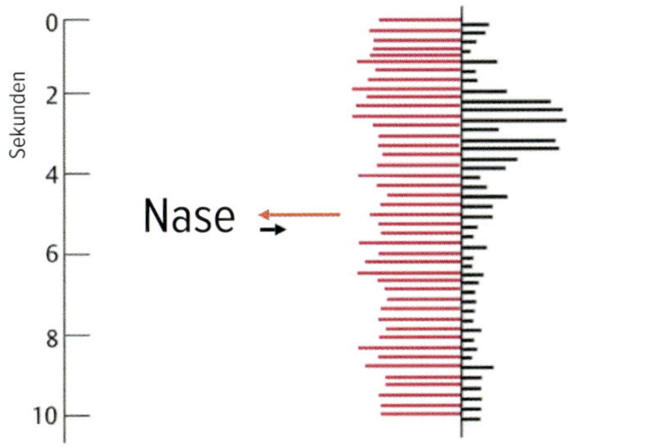

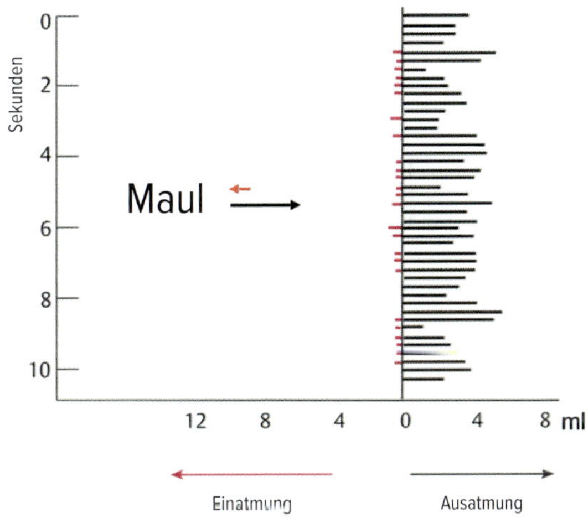

Temperaturaustausch im Kopfbereich des Hundes. Kühle Außenluft (blau) strömt in Richtung Luftröhre bzw. Lunge. Auf ihrem Weg streicht sie an der großen Fläche der Blutkapillaren (rot) in den Schleimhäuten vorbei. Dabei erwärmt sich die Luft etwas und auf der anderen Seite kühlt sich das Blut, das in den Körper zurückfließt (orange) etwas ab. Der Effekt des Temperaturausgleichs kann mehrere Grad Celsius betragen. Bei einer Hechelfrequenz von z.B. 300 Atemzügen pro Minute streichen Luft und Blut in dieser Zeit auf einer Gesamtfläche von mehr als 10 Quadratmetern aneinander vorbei. Ein wesentlicher Parameter für die Effizienz dieses Gegenstromprinzips ist die Schnauzenlänge und damit die verfügbare Austauschfläche.

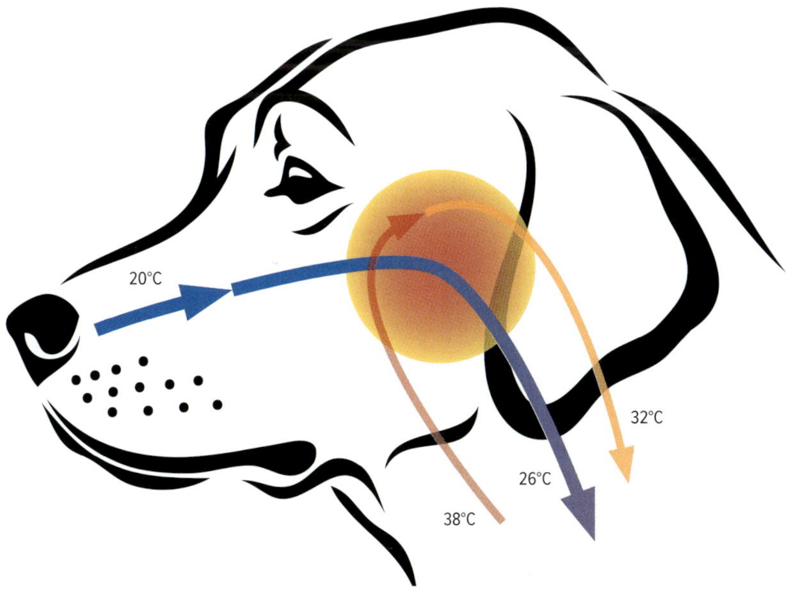

lgillustrator/shutterstock.com (modifiziert)

über die Zunge verdunstet und in Form von Wassertropfen von ihr abgegeben. Da kann auch schon mal eine kleinere Wasserlache zusammenkommen.

Eine Besonderheit der Blutversorgung im Gehirn hilft ungemein bei der Thermoregulation. Bei den Messungen ergeben sich manchmal nur scheinbar kleine Temperaturunterschiede, zum Beispiel im Bereich von 1 °C. Aber wie heißt es so schön: »Auch ein Chihuahua macht große Haufen.« Viele Kapillargefäße im Kopfbereich sind ganz in der Nähe der luftführenden Wege angeordnet. So kann das warme Blut einen Teil seiner Wärme an die kühlere eingeatmete Luft, die sich in der Luftröhre befindet, abgeben und sich selbst dabei etwas runterkühlen.

Je kürzer der Kopf, desto weniger funktioniert der Wärmeaustausch – Brachycephale Hunde

Brachycephal bedeutet »kurzköpfig«, im Gegensatz zu dolichocephalen (langnasigen) Hunden. Da die Atmung für die Thermoregulation von großer Wichtigkeit ist, ist nachzuvollziehen, dass Hunde und im Speziellen die Seniorhunde brachycephaler Rassen durch verkürzte und verformte Atemwege bei jedem Wetter und fatalerweise schon bei geringer Wärme ganz schnell am Ende ihrer Möglichkeiten sind. So kann bereits an einem wärmeren Frühlingstag übermäßige körperliche Betätigung zu einer Ohnmacht oder zum Tod führen.

Lang- und Kurznase im Vergleich. Kurzköpfige Hunde sind prädisponiert für Probleme der oberen Atemwege und damit auch der Thermoregulation.

Catharina Cordes

Tinuskin/shutterstock.com (rechts)

Außentemperatur (°C)	Innentemperatur **nach 5 Minuten (°C)**	Innentemperatur **nach 30 Minuten (°C)**	Innentemperatur **nach 60 Minuten (°C)**
20	24	36	46
22	26	38	48
24	28	40	50
26	30	42	52
28	32	44	54
30	34	46	56
32	36	48	58
34	38	50	60
36	40	52	62
38	42	54	64
40	44	56	68

Hitzschlag: Gefahr Auto

Beim Hitzschlag bricht der gesamte Kreislauf durch akute Überhitzung zusammen. Erste Hinweise können Apathie, leichtes Taumeln, Speicheln, Hecheln und Erbrechen bis schließlich hin zu Bewegungs- und Bewusstseinsstörungen sein. Hier ist sofortiges Eingreifen durch Erste Hilfe erforderlich! Es sollte selbsterklärend sein, dass das Zurücklassen im Auto daher für jeden Hund nur unter der Voraussetzung adäquater Außentemperaturen gestattet ist. Was passieren kann, zeigt drastisch die Tabelle auf dieser Seite. Diese gilt natürlich für alle Hunde, aber insbesondere für die Senioren.

Während junge Hunde in der Regel gut auf sich selbst aufpassen können und bemerken, wenn der Boden zu heiß ist, können demente Seniorhunde gegebenenfalls nicht mehr begreifen, wo sie sich gefahrlos aufhalten können. Bereits ab 41 °C besteht Verbrennungsgefahr und schon bei 25 °C Außentemperatur kann der Asphalt 45 bis 52 °C heiß sein. Ein weiterer Grund – nicht nur mit Senioren! – nicht in der Mittagshitze zu laufen und Schatten oder Wiesenwege aufzusuchen.

Auch der Winter ist nicht ohne Tücken

Senioren verfügen zwar – im Gegensatz zum Neugeborenen – immer noch über eine funktionierende Thermoregulation, jedoch sollten Aufenthalt und Bewegung des älteren Hundes bei tiefen Außentemperaturen ebenfalls an dessen Grenze an Möglichkeiten hinsichtlich der Abwendung einer drohenden Unterkühlung

Wenn ein Hund unter Gelenkerkrankungen wie Arthrose leidet, kommt mit dem Herbst die Jahreszeit, in denen die Gelenke oft schmerzen und jeder Schritt schwerer fällt.

angepasst werden. Zeitlich begrenzte Spaziergänge, bei denen der Hund stetig in Bewegung bleiben kann und die mögliche Verwendung von Hundemänteln sind für einen erfolgreichen Winterausflug sicherlich eine adäquate Möglichkeit. Sie helfen auch die Muskulatur warm zu halten, die sich bei Kälte zusammenzieht und so Arthroseschmerzen verstärken kann.

Wissens BOX

- Hunde können (außer im frühesten Welpenalter) **aktiv** ihre Wärmeproduktion oder -abgabe regulieren.
- Neben der Möglichkeit, Hunden die Wahl warmer und kühler Plätze zu bieten, stellt das Atmen und im Speziellen das **Hecheln** eine wichtige Stellgröße in der Regulation und zur Aufrechterhaltung einer konstanten Körperinnentemperatur dar.
- Ältere Hunde mit konstitutionellen und gesundheitlichen Handicaps bedürfen bei hohen Außentemperaturen einer besonders strengen Überwachung, um eine **Überhitzung** zu vermeiden.
- Hunde dürfen nur bei nicht zu hohen und nicht zu niedrigen Außentemperaturen im **Auto** zurückgelassen werden.

6.8 Seniorenmenü – Die Ernährung

Wie schon erwähnt steigt der Anteil älter werdender Hunde immer mehr, denn entgegen verschiedenen Behauptungen im Internet hat sich die Lebenserwartung von Hunden in den letzten Jahren signifikant erhöht, sodass auch die Frage der Ernährung des Seniors auf der Hand liegt. Dabei geht es, wie schon angesprochen, hauptsächlich um typische Alterungsprozesse wie Erhöhung der Krankheitsanfälligkeit, Veränderungen der Stoffwechselaktivität und verschiedener Organsysteme wie Haut, Skelett, Herz-Kreislauf-System, Niere, Verdauungstrakt etc. Eigentlich also um alles ...

Auch wenn man den Alterungsprozess letztendlich nicht aufhalten kann, sollte man dem alten Hund die bestmögliche Lebensqualität bieten, und dabei spielt die Ernährung eine wichtige Rolle. Sie wird sich auf sein Verhalten auswirken. Eine recht gute Übersicht zur Ernährung des alternden Hundes liefert eine Arbeit von Larsen *et al.* (Larsen & Farcas 2014). Dabei sind die für alle Hunde jeden Alters geltenden

»Ich habe Hunger!«

alexei_tm/shutterstock.com

»Hunde kommen in unser Leben, um uns das Lieben zu lehren und sie gehen, damit wir lernen, mit Verlust zu leben. Ein neuer Hund ersetzt niemals einen alten Hund. Er weitet lediglich unser Herz.«

unbekannter Autor

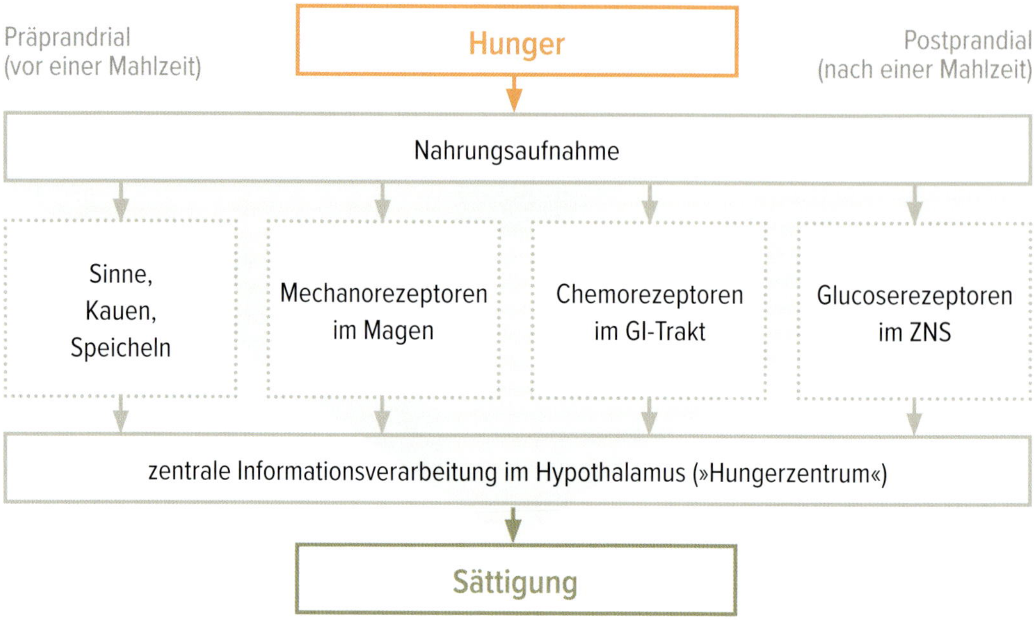

Die wichtigsten Mechanismen, die die Nahrungsaufnahme regulieren.

Regelmechanismen der Nahrungsaufnahme zu beachten, und dass bei vielen Seniorhunden die Aktivierbarkeit oder Sensitivität des ZNS-Hungerzentrums (genau wie das Durstempfinden) abnimmt. Das gilt aber nicht für alle Hunde.

Was gibt es grundsätzlich zu beachten?

Energie

Die Energieversorgung sollte beim alternden Hund in Abhängigkeit vom Aktivitätszustand reduziert werden, da sowohl Aktivitätslevel als auch Stoffwechselaktivität abnehmen. In diesem Zusammenhang ist ebenfalls eine regelmäßige und kritische Gewichtskontrolle wichtig. Eine Verminderung um 30 % wäre normal – der Stoffwechsel und das Bewegungssystem des Hundes werden es uns danken. Bei Untergewicht kann die Futtermenge jederzeit wieder erhöht werden.

Gerade beim Seniorhund mit seinen Arthrosen, Herzproblemen und anderen Zipperlein ist jedes Gramm mehr auf der Waage beziehungsweise den Hüften pures Gift und kostet wertvolle Lebenszeit. So hat eine Studie ergeben, dass adipöse Hunde im Schnitt zweieinhalb Jahre früher sterben als Hunde mit einem guten Body-Mass-Index (Salt *et al.* 2019). Da wir doch alle gerne etwas länger was von unseren liebenswerten Alten hätten, sollte das doch das beste Argument sein, darauf zu achten, dass der Hund sein Idealgewicht nicht nach oben verlässt.

Sollte der Senior dann ständig Hunger haben und in der Küche in Streik treten, kann es helfen, die (in seinen Augen klägliche) Portion mit Futterzellulose zu strecken. Futterzellulose enthält sättigende Ballaststoffe, die unverdaut wieder ausgeschieden werden, also nicht dick, aber vorübergehend zufriedener machen.

Eine ausgewogene Ernährung ist eine wichtige Voraussetzung, um gesund alt zu werden.

Protein

Die Eiweißversorgung sollte bedarfsdeckend sein, aber mit möglichst hoher Proteinqualität, um dem Muskelabbau entgegenzuwirken. Die Verdaulichkeit sollte gut sein, um den Darm nicht unnötig zu belasten. Das heißt, dass der Anteil an Leguminosen und bindegewebsreichen Produkten in Grenzen gehalten werden sollte. Aber bitte nicht ganz darauf verzichten, auch der alte Hund bleibt ein Carni-Omnivor.

Rohfaser

Ein gewisser Anteil an Rohfaser muss erhalten bleiben, um die Darmmotorik in Gang zu halten. Zentek empfiehlt > 1,5 % der Trockensubstanz (Zentek 2016). Neben Zellulose empfiehlt er die Zugabe von Möhren, Trockenschnitzeln und Inulin. Diese beeinflussen die Stoffwechselaktivität und das Immunsystem des Darms positiv.

Mengenelemente

Die Kalziumversorgung muss angepasst sein und eine Überversorgung mit Phosphor ist unbedingt zu vermeiden (→ Nierenbelastung!). Natrium, Chlorid, Magnesium und Kalium sind in der Regel kein Problem und können zunächst unbeachtet gelassen werden, solange die Nieren in der Lage sind, das Gleichgewicht im Blut aufrechtzuerhalten. Bei einer Nierenproblematik sollte auch hier die Ration angepasst werden.

Spurenelemente

Auch beim Seniorhund muss auf die ausreichende Versorgung mit Zink, Selen, Kupfer und Jod geachtet werden, vor allem wenn die Futteraufnahme reduziert wird. Was zu viel oder zu wenig ist, lässt sich leider nur schwer oder gar nicht pauschal sagen. Zentek empfiehlt bezüglich Zink 2 mg pro kg Körpergewicht (Zentek 2016).

In ähnlicher Größenordnung liegen auch die anderen Spurenelemente.

Vitamine

Die Vitamingehalte sollten aufgrund der wahrscheinlichen Darmveränderungen und/oder erhöhten Verluste durch altersbedingte Niereninsuffizienzen erhöht werden, denn sie werden nicht mehr so gut aufgenommen und verwertet. Bei den fettliebenden Vitaminen (E, D, K, A) sollte man trotzdem vorsichtig sein, da hier eine Überversorgung möglich ist. Die wasserlöslichen Vitamine (C usw.) sind bei normaler Nierenfunktion kein Problem. Gehen Sie aber bitte nicht nach dem alten Chemiker-Motto »Viel hilft viel« vor!

Canine kognitive Dysfunktion (CCD)

Auf die CCD beim Hund und ihre mögliche Beeinflussbarkeit durch die Fütterung wird im Zusammenhang mit Demenz/Alzheimer-Erkrankung im Detail in Kapitel 4.12 eingegangen.

Ganz allgemein ist zur Ernährung alter Hunde auch zu sagen, dass man zum Teil sehr erfindungsreich werden muss, wenn der Appetit des Seniors nachlässt. Hier gibt es in diesem Fall auch mal das, was von meinem Essen übrig bleibt oder die roten Kringel mit dem Loch, die für Hunde prinzipiell unwiderstehlich zu sein scheinen. In dem Fall gilt »Was schmeckt, ist erlaubt« und »Erlaubt ist, was gefällt!«, denn daran wird er nicht mehr sterben. Bei aller

Kleine Geschenke erhalten die Freundschaft.

Wissens
BOX

- Während der Entwicklung des Hundes vom Welpen über den Junghund zum Erwachsenen gilt es entsprechend der jeweiligen **Entwicklungsstufe** Menge und Zusammensetzung des Futters anzupassen. Für den alternden Hund gilt dies umso mehr. Einen Futternapf als »Jungbrunnen« gibt es zwar nicht, aber eine optimal angepasste Fütterung kann bei vielen Alterszipperlein hilfreich sein.
- **Energie:** in Abhängigkeit des Aktivitätszustandes reduziert, Gewichtskontrolle
- **Protein:** bedarfsdeckend, mit hoher Proteinqualität, gut verdaulich
- **Supplemente:** organunterstützende Maßnahmen, z.B. Nierendiät, Gelenkdiät, »Brain Protection Blend« usw.
- **Schmackhaftes und kaugerechtes Futter:** Die Taktik »Warten, bis er genug Hunger hat« funktioniert beim Senior nicht, weil bei ihm physiologisch bedingt die Aktivität des Hungerzentrums nachlässt. Nass- oder Trockenfutter? Kauverhalten des Hundes beobachten, Zustand der Zähne berücksichtigen

Wichtigkeit von gesunder Ernährung ist mir auch wichtig, dass Piccolo, sein Leben lang ein Hänfling, nicht zu sehr abmagert, sondern genug Reserven hat, um auch mal schlechtere Tage mit weniger Appetit zu überstehen.

Auch Bierhefeflocken, die gut für Haut und Fell sowie durch ihren hohen Gehalt an B-Vitaminen auch gut für das Gehirn sind, helfen oft, die Akzeptanz des Futters zu steigern. Auch kann man probieren, bei einem schlechten Fresser die Ration etwas anzuwärmen oder (bei der Fütterung von Trockenfutter) in warmem Wasser einzuweichen. Das erleichtert auch einem alten Hund mit Zahnproblemen die Futteraufnahme und steigert die Wasseraufnahme, worüber sich wiederum die alten Nieren freuen. Um den Verdauungstrakt nicht zu sehr zu beanspruchen, ist es oft sinnvoll, die tägliche Futtermenge auf mehrere kleinen Portionen aufzuteilen.

6.9 Neuer Hund zum Senior?

Oft werde ich gefragt, ob man einen neuen Hund, meist einen Welpen, zu einem Seniorhund gesellen kann. Die Antwort darauf ist so individuell wie jeder Hund und jeder Mensch.

Die Motivation hinter der Überlegung ist oft die verständliche Angst davor, dass eine Lücke entsteht, wenn der alte Hund irgendwann nicht mehr da ist.

Ich kann das sehr gut verstehen. Als Mehrhundehalterin empfinde ich es als Gnade, nicht in ein leeres Haus, in dem mich niemand freudig erwartet zurückzukehren oder nicht überlegen zu müssen, was ich mit dem verwaisten Körbchen oder dem Wassernapf mache, wenn ein Hund verstorben ist. Hier warten ja trotzdem noch drei Hunde und das Leben geht weiter,

Ein junger Hund zum Senior kann ein richtiger Jungbrunnen sein, muss er aber nicht.

wenn auch hundereduziert. Die anderen fordern auch nach dem Besuch von Gevatter Tod ihren Tribut, wollen Aufmerksamkeit und lenken uns ab. Den Gedanken kann ich also gut nachvollziehen, dennoch gilt es, diese Frage im Sinne des alten Hundes zu beantworten.

Es gibt viele alte Hunde, die mit einem jungen Hund noch einmal so richtig aufblühen und neuen Lebenswillen bekommen. Manche alten Hunde erweisen sich als wahre Erziehungsprofis und gehen in dieser Aufgabe auf. Oder auch Piccolo, der aus einer monatelangen schlechten Phase vor gut einem Jahr, in der ich dachte, der Abschied stünde kurz bevor, durch Ritas erste Läufigkeit schlagartig zurück ins Leben katapultiert wurde. Der Duft der Hormone hat ihn förmlich wieder ins aktive Leben zurückgeholt und der Effekt hält bis heute an. Sexualhormone helfen eben doch, und wenn es nur die der anderen sind.

Es gibt jedoch genauso viele Hunde, die mit einem Jungspund vollkommen überfordert sind. Hinterfragen Sie ehrlich, wie Ihr Hund sich mit einem stürmischen Welpen fühlen würde – ist er dem »Alten« zumutbar? Sind Sie in der Lage, dem alten Hund ausreichend Schutz und Ruhephasen zu ermöglichen und den jungen Hund in seine Schranken zu weisen, wenn es der alte nicht mehr selber kann? Und nicht zuletzt: Können Sie dem alten Hund noch genug Zeit und Aufmerksamkeit zukommen lassen, während Sie »nebenher« einen Welpen/Junghund erziehen, der eigentlich alleine schon die volle Aufmerksamkeit benötigt? Wie sieht es mit den Spaziergängen aus? Die Bedürfnisse von Junghunden und alten Hunden gehen diametral auseinander. Oft erfordert das jeweils einen einzelnen Spaziergang für die Hunde, was einen schnell an zeitliche Grenzen bringen kann.

Sollten Sie hier auch nur bei einer Frage zögern, sollten Sie warten, bis Sie sich ein neues Familienmitglied ins Haus holen.

Wenn Sie sich dafür entscheiden, gilt es vieles zu beachten: Oberste Regel sollte sein, dass der alte Hund nicht unter dem Jungspund zu leiden hat. Sollte er nicht mehr in der Lage sein, dem Nachfolger klare Grenzen aufzuzeigen, ist es an Ihnen, das zu tun. Wie bereits geschrieben, gibt es hier diesbezüglich genau eine Regel, und die lautet: »Der aktuelle Senior wird nicht genervt und steht unter meinem persönlichen Schutz!«. Das wird respektiert, erfordert aber auch immer mal wieder mein Eingreifen und ein Wegschicken des Schnösels.

Achten Sie auch darauf, die Bedürfnisse beider Hunde zu erfüllen und nicht unbewusst den Senior aufs Abstellgleis zu schieben, weil der Junior gerade Aufmerksamkeit benötigt oder man mit ihm lustigere und aktivere Dinge unternehmen kann. Das hat kein Hund verdient! Darum gibt es hier (fast) jeden Abend Quality Time für den alten Piccolo – Zeit nur für ihn, in der er entscheiden darf, worauf er gerade Lust hat. Entweder wird er durchmassiert oder er darf ein paar Tricks machen (was er immer noch liebt), oder wir gehen alleine eine Runde um den Block. Das dient aber, um ehrlich zu sein, genauso sehr meinem Seelenheil wie seiner Lebensqualität. Da ich weiß, wie schnell alles vorbei sein kann, ist es mir unglaublich wichtig, jeden Tag ganz bewusst zu nutzen und ihn so zu gestalten, dass ich gut damit leben könnte, wenn morgen alles vorbei wäre. Ich möchte mir niemals vorwerfen müssen, den alten Hund zugunsten des Neuen vernachlässigt zu haben. Wenn man all das bewerkstelligen kann und die graue Schnauze nichts gegen den Einzug eines Welpen hat, kann der Einzug eines Welpen – oder auch älteren Hundes – zum Senior durchaus bereichernd für alle Beteiligten sein und »frischen Wind« ins Haus bringen. Und im Gegensatz zu einem Sturm kann eine frische Brise ja ganz anregend sein.

Meier gehört noch lange nicht zum alten Eisen und hängt die Jugend immer noch ab.

Gesucht und gefunden: Meiers spätes Glück.

*»Die Kunst besteht darin,
jung zu sterben, das aber
so spät wie möglich.«*

Reinhard Wandtner

KAPITEL 7

ABSCHIED NEHMEN

7.1 Der letzte Weg: Wann, wo, wie?

Selbst wenn man ähnliche Langlebigkeitswunder auf der eigenen Couch liegen hat wie ich, ist jeder Tag, den wir mit unseren Hunden verbringen, einer weniger, der bleibt. Denn auch wenn es abgedroschen klingt: Nur der Tod ist todsicher.

Umso wichtiger ist es, die Zeit mit dem Hund bewusst zu nutzen. Dennoch wird irgendwann der Tag des Abschieds kommen, denn Hunde haben einen ganz gravierenden Nachteil: ihre Lebenserwartung im Vergleich zur menschlichen Lebenserwartung. Hunde sind Lebensabschnittsgefährten, und wenn alles »richtig« läuft, sterben sie vor ihren Haltern – und hinterlassen riesengroße Löcher in unseren Herzen. Bei jedem Abschied nehme ich mir übrigens fest vor, im nächsten Leben nur noch Elefanten, Schildkröten oder Papageien als Haustiere zu halten. Aber genau diese Unausweichlichkeit ist auch der Grund, warum man sich beizeiten mit den Themen Tod, Abschied und Trauer befassen sollte, denn wenn es so weit ist, hat man keinen Kopf mehr dafür, weil das Herz regiert.

Dennoch wird der Tod, egal ob von Tieren oder Menschen, in unserer Gesellschaft nach wie vor stark tabuisiert. Erst kürzlich habe ich in einer Hundegruppe in den sozialen Medien mitbekommen, wie eine Halterin, deren Hund die infauste Diagnose »Hirntumor – Überlebenszeit circa zwei Monate« bekam, einen bösen Shitstorm kassierte, weil sie sich direkt nach Diagnosestellung informieren wollte, wie eine Euthanasie abläuft und was andere danach mit ihren toten Hunden gemacht haben. Es wurde

Der Weg des Abschieds kann ein sehr langer sein, vor allem für wackelige Hundeseniorenbeine.

offenbar als extrem pietätslos empfunden, sich darüber Gedanken zu machen, während der Hund noch lebt, dabei empfinde ich genau das als richtig und wichtig.

Nicht immer ist eine Euthanasie planbar, auch alte Hunde versterben oft plötzlich, oft aus einer Notfallsituation heraus, zum Beispiel am Klassiker geplatzter Milztumor. Der Tod ist kein Fair Player und lässt uns nicht immer die Möglichkeit, ihn zu planen und uns zu verabschieden. Das Leben beziehungsweise der Tod wirft manchmal alle Pläne über den Haufen. Aber oft merkt man, dass das Ende schleichend naht und der Hund sich bereits langsam verabschiedet. Als Halter ist man dann gezwungen, den richtigen Zeitpunkt zu erkennen und loszulassen.

Das Wann

Die Frage nach dem Wann ist sicherlich die im Zusammenhang mit Seniorhunden am häufigsten gestellte Frage. Ich bekomme sie übrigens nicht nur von anderen gestellt, ich stelle sie mir auch regelmäßig selber. Eines ist sicher: Wir sind unseren Hunden, die in der Regel jahrelang an unserer Seite waren, einen schmerzfreien und friedlichen Tod schuldig und im Gegensatz zu uns Menschen (in Deutschland) ist dies beim Hund möglich. Oft steht uns dabei aber unser eigener Egoismus im Weg – die Unfähigkeit, das geliebte Tier wirklich loszulassen. Weil eben nichts so undenkbar ist wie die Endgültigkeit des Todes. Dabei ist es oft der letzte Liebesbeweis, den wir unseren Haustieren trotz aller eigenen Schmerzenschenken können, denn jemanden wirklich zu lieben, bedeutet ihn auch loslassen zu können.

Meine Antwort auf die Frage nach dem richtigen Zeitpunkt mag etwas esoterisch klingen, wer mich kennt, weiß aber, dass ich von Esoterik ungefähr so weit entfernt bin wie der Beagle vom Streber. Dennoch lehrte mich die Begleitung vieler sterbender Tiere (eigener und der anderer), dass sie es uns sagen – wenn es uns gelingt, die eigenen Emotionen und den eigenen Egoismus hintenanzustellen und ihnen zuzuhören. Oft liest man, dass es so weit ist, wenn der Hund nicht mehr frisst oder nicht mehr mit rausgehen will, aber das stimmt nicht unbedingt, weil das auch vorübergehend mal vorkommen kann. Wäre dem so, wäre auch Piccolo schon lange nicht mehr an meiner Seite. Nein, ganz oft wird mir auch von anderen beschrieben, dass man in der Früh aufsteht, seinen Hund anschaut und weiß, dass heute der letzte Tag gekommen ist. Was es genau ausmacht, vermag ich bis heute nicht zu sagen, aber es gab immer den Tag, an dem klar war, dass jetzt die Zeit gekommen ist, Abschied zu nehmen. So war es auch bei Andra, meiner Beaglehündin, die mit 17 Jahren einen therapieresistenten Husten bekam, der uns über Monate auf Trab hielt. Die Atemfrequenz war gestiegen und meine Nächte bestanden daraus, diese zu zählen, weil ich Panik hatte, dass Andra Atemnot bekommen würde, was sicherlich ein grausamer Tod ist. Aber sie war fit, sprang noch alleine ins Auto, fraß weiterhin gut. Okay, Letzteres bedeutet bei einem Beagle nicht allzu viel. Ich stand mit ihr bei Kollegen auf der Matte, weil ich es nicht mehr mit ansehen konnte, aber sie war immer noch zu fit und wir wurden nach Hause geschickt – und ich war wieder alleine mit meinen Zweifeln. Und dann kam der Tag, an dem sich weder Andra noch die Atemfrequenz gravierend verändert hatten, ich sie aber ansah und wusste, dass heute der Tag gekommen ist. Es war einfach klar, ein Blick genügte. Und das, obwohl man sie sicherlich auch mit ruhigem Gewissen bereits einen Monat vorher hätte gehen lassen oder noch mal einen Monat hätte warten können.

Für mich gilt aber sowieso, dass ich mit einem Tag, einer Woche oder gar einem Monat zu früh gut umgehen kann, mir aber zehn Minuten zu spät nicht verzeihen könnte. Die Lebensqualität sollte immer vor der Lebensquantität stehen! Und ich bin sicher, dass meine Hunde das, genauso wie ich, in ihrer Patientenverfügung festhalten würden. In diesem Bewusstsein versuche ich für meine mir anvertrauten Tiere die beste Entscheidung zu treffen – und das ist nicht immer die Entscheidung für das Leben. Denn dass sie uns die Entscheidung abnehmen und alleine »friedlich einschlafen« ist leider sehr selten. Sicherlich wäre es in manchen Fällen auch mit einer guten palliativen Betreuung möglich, den Hund beim »natürlichen« Sterben zu begleiten, ohne dass er dabei leidet. Aber das ist zum einen für viele Halter mit zu hohen Kosten verbunden, und zum anderen bräuchte es eine kompetente, außenstehende Person, die den Hund und seine Situation regelmäßig anschaut, überprüft und gegebenenfalls entscheidet, wann doch der Zeitpunkt gekommen ist, das Leben vorzeitig zu beenden. Oder anders ausgedrückt: Es gibt nur wenige Fälle, Hunde und Menschen, denen ich das zutraue, ohne dass dem Hund unnötiges Leiden zugemutet wird.

Leider habe ich, wie fast alle Kollegen, zu oft miterleben müssen, dass Tiere lange leiden müssen, weil die Besitzer es nicht schaffen,

eine Entscheidung für das Tier zu treffen, sondern ihr todkrankes Tier, das keinerlei Lebensqualität mehr hat, aus purem Egoismus am Leben erhalten. Eine Entscheidung, die ich, wie gesagt, auch für mich selbst so nicht treffen würde, und erst recht nicht für die mir anvertrauten Tiere. Aber natürlich wird auch der Haustierarzt, der den Patienten in der Regel über Jahre begleitet hat und seine Krankengeschichte kennt, beratend zur Seite stehen, wenn es um die Frage nach dem richtigen Zeitpunkt geht. Die endgültige Entscheidung obliegt aber dem Halter, ebenso wie die Verantwortung für das ihm anvertraute Tier.

Ein weiterer Ratschlag, der auch etwas esoterisch anmuten mag, ist, dem Tier zu sagen, dass es gehen darf, dass man selbst bereit ist, Abschied zu nehmen. Diese Erfahrung habe ich nicht nur in der Praxis gemacht, sondern auch in der Altenpflege, mit der ich mein Studium finanziert habe. Sehr oft sterben Menschen auch nicht, solange die Angehörigen nicht bereit sind loszulassen. Vielleicht hilft das aber auch nur uns Verbleibenden, uns mit dem Gedanken an den endgültigen Abschied auseinanderzusetzen und ihn zu akzeptieren.

Das Wo

Neben der Frage nach dem Wann spielt auch das Wo eine Rolle. Ich denke, die Tierarztpraxis ist bei einer geplanten Euthanasie nur selten der richtige Ort. Ich war jeweils dankbar, dass meine ehemaligen Wegbegleiter zu Hause, im Garten oder auch auf einem Spaziergang ihre letzte Reise antraten. Bei meinem »Dönertier« (einer türkischen Mülltonnenhündin, die vielen meiner Leser in lebhafter Erinnerung geblieben sein wird, siehe auch Seite 13) blieb leider wegen eines geplatzten Milztumors nur die Klinik, aber auch da war die Kollegin bereit, mit mir auf die grüne Wiese hinter dem Gebäude zu gehen, weil ich dem freiheitsliebenden ehemaligem Straßenhund versprochen hatte, dass sie unter blauem Himmel und auf einer grünen Wiese sterben darf. Da sie da schon nichts mehr mitbekam, sondern bereits zu Hause nicht mehr ansprechbar war, war es aber vermutlich eher ein Versprechen mir selbst gegenüber, das ich einlösen wollte.

Allerdings gibt es auch Hunde, für die eine Euthanasie in der Praxis besser geeignet ist, da dort unter besseren Bedingungen als woanders gearbeitet werden kann. Meist sind das »schwierige« Hunde, die sich beim Tierarzt kaum bändigen lassen, und bei denen zu Hause im Wohnzimmer ein stressiger Kampf zu erwarten ist.

Dann würde ich meinem Hund und Tierarzt zuliebe eine Einschläferung in der Praxis vorziehen, weil dort mehr Personal zur Verfügung steht, um eine möglichst stressfreie und ruhige letzte Injektion gewährleisten zu können.

Auch gibt es Menschen, die es nicht ertragen, dass ihr Hund zu Hause eingeschläfert wird, weil dann der Ort mit dem Tod verknüpft ist, was genauso respektabel ist. Bezüglich der Frage nach dem Wo sollte also jeder in sich hineinhören und für sich und den jeweiligen Hund die beste Entscheidung treffen.

Wenn man einen alten Hund hat, der sich peu à peu etwas mehr von unserer Welt verabschiedet, sollte man auf jeden Fall beizeiten mit dem Haustierarzt absprechen, ob eine Euthanasie zu Hause möglich ist. Viele Kollegen bieten dies für ihre eigenen Patienten an – wobei hier das

»ihre eigenen Patienten« der entscheidende Punkt ist. Wer ein Hundeleben lang Tierarzt-Hopping betreibt und mit seinem Hund nur dort auftaucht, wo eine Leistung ein bisschen billiger ist anstatt einem guten Tierarzt auch zu vertrauen und ihm treu zu bleiben, wird vermutlich mit diesem letzten Wunsch abgewiesen werden. Die Empörung darüber ist stets groß, allerdings finde ich das nachvollziehbar. Neben der vollen Sprechstunde auch noch (oft ungeplante) Hausbesuche unterzubringen, ist beim derzeitigen Zustand der tiermedizinischen Versorgung fast ein Ding der Unmöglichkeit und wird eben nur für Stammkunden ermöglicht. Reden Sie darum frühzeitig mit Ihrem Haustierarzt und besprechen Sie alle Eventualitäten.

Das Wie

Auch für eine Euthanasie gilt: Je besser man sich im Vorfeld damit auseinandersetzt und informiert ist, desto weniger schwer wird es. Unwissenheit und Vermutungen schüren Ängste, Wissen hilft.

Auch wenn unsere Hunde uns sowieso durchschauen – das haben sie ja jahrelang geübt – ist das oberste Gebot für den Halter, die Fassung zu bewahren, bis der Hund nichts mehr mitbekommt. Wir wissen ja alle, wie empfänglich sie für unsere Stimmungen sind, und natürlich übertragen sich auch unsere Trauer und Verzweiflung auf den Hund. Dennoch oder deswegen ist es wichtig, sich selbst im Griff zu haben, um den Hund nicht noch mehr zu verunsichern. Dazu dient auch eine ruhige Atmosphäre – egal, ob in der Praxis, zu Hause oder unter blauem Himmel. In vielen Praxen gibt es inzwischen ein sogenanntes Abschiedslicht, eine Kerze, die stets brennt, wenn ein Vierbeiner seinen letzten Weg antritt, und die für andere Tierbesitzer ein Zeichen ist, sich pietätvoll und ruhig zu verhalten, um diesem letzten Moment die nötige Würde zu verleihen. Ich finde diese Abschiedslichter sehr tröstlich und eine schöne Geste. Auch haben viele Praxen inzwischen so etwas wie Abschiedszimmer, das einen ruhigen und würdigen Abschied ermöglichen soll.

Dann ist es so weit, das Tier bekommt eine tiefe Narkose, die wir alle vermutlich bereits aus früheren Lebensphasen kennen – nur dass es diesmal kein Zurück geben wird. Mir hat stets der Gedanke geholfen, dass es für den Hund kein Unterschied ist, ob er eine Narkose bekommt, um operiert zu werden und eventuell mit Schmerzen wieder aufzuwachen oder ob er eine Narkose bekommt, um nicht mehr aufzuwachen. Auch wenn der Unterschied für uns umso drastischer ist.

Die Euthanasie wird in der Regel in drei Schritten vollzogen. Bei gestressten Hunden sollte man vorher eine Sedierung geben, die dafür sorgt, dass das Tier sich beruhigt (von lateinisch *sedare* = beruhigen). Hierzu können unter anderem die Beruhigungsmittel Medetomidin, Diazepam oder Midazolam eingesetzt werden. Ob man einem Hund einen Venenkatheter schiebt, um die Medikamente direkt ins Blut injizieren zu können, oder ob man sie in den Muskel oder unter die Haut spritzt, ist von der Kooperation und dem Zustand des Patienten abhängig.

Jetzt wird im zweiten Schritt die Narkose eingeleitet, die zu einer Bewusstseins- und Schmerzausschaltung sowie zur Bewegungslosigkeit durch eine Muskelrelaxation führt – ein Zustand, den man auch für Operationen

Der »letzte Gang« ist sicherlich der schwerste im gesamten Hundeleben ...

benötigt. Ketamin, Propofol und Alfaxolon sind hier die Mittel der Wahl.

Im dritten und letzten Schritt kommt es schließlich zur eigentlichen Euthanasie. Dafür stehen zum Beispiel das Barbiturat Pentobarbital, Embutramid oder teilweise auch Kaliumchlorid zur Verfügung, die zu einem Atemstillstand und nachfolgendem Herzstillstand führen. Embutramid ist besser bekannt als T61, das immer wieder in Artikeln von Laien für ein qualvolles Sterben durch eine Lähmung des Atemzentrums verantwortlich gemacht wird. Diese Sorge ist bei richtiger Anwendung unberechtigt, da T61 nur bei tief schlafenden und schmerzfreien, narkotisierten Tieren angewendet werden darf, wo es dann zu einem ruhigen Tod führt – dem »guten Tod«, was Euthanasie wörtlich übersetzt bedeutet.

Der Grund, dass viele Tierärzte nur T61 in der Praxis haben, ist, dass es nicht unter das Betäubungsmittelgesetz fällt und dessen Lagerung dadurch mit weniger Aufwand verbunden ist.

Liegt ein Venenkatheter, kann auch diese letzte und endgültige Spritze direkt ins Blut gegeben werden, ansonsten kann – auch wenn das für den ein oder anderen sicherlich furchtbar klingt – direkt ins Herz oder in die Bauchhöhle injiziert werden. Wir erinnern uns: das Tier liegt bereits in Narkose, das Bewusstsein ist ausgeschaltet,

Selbstverständlich durfte sich der Rest der Strodtbeck-Meute vom »Dönertier« verabschieden.

und es bekommt bereits jetzt nichts mehr mit. Allerdings würde ich Haltern davon abraten, dabei zuzuschauen, denn erfahrungsgemäß sind das für Laien nicht die Bilder, die man gerne als letztes Bild vom eigenen Hund durchs weitere Leben tragen möchte. Wer die Endgültigkeit gar nicht erträgt, ist an dieser Stelle bereits entlassen, denn jetzt ist es dem Hund bereits egal, ob der Halter noch anwesend ist oder nicht.

Wichtig zu wissen ist auch, dass es passieren kann, dass das Tier anfängt zu krampfen – darauf sollte der Halter eingestellt sein. Alle Tiere durchlaufen während einer Narkose das sogenannte Exzitationsstadium, bei dem sie unter Umständen anfangen zu krampfen. Keine Sorge, das Tier bekommt in diesem Stadium bereits nichts mehr mit, allerdings ist der Anblick für einen Halter verständlicherweise furchtbar. Aber seien Sie gewiss, dass das Tier im Exzitationsstadium längst nicht mehr bei Bewusstsein ist und definitiv nichts mehr spürt!

Auch während und nach dem Sterbeprozess kann es in einigen Fällen zu einem finalen Muskelzittern oder auch zu mehreren letzten, sehr tiefen Atemzügen kommen. Aber auch davon bekommt Ihr Tier nichts mehr mit, weil es zu diesem Zeitpunkt bereits tot ist. Es hat es geschafft, muss nicht mehr leiden. Und wir stehen am Beginn des jedes Mal wieder grausamen Lebens nach dem Tod.

Abschied nehmen lassen?

Meine Hunde haben es mir bisher ermöglicht, mich in aller Ruhe von ihnen verabschieden zu können. Aber wie schaut es in einer Mehrhundehaltung aus? Sollen auch die anderen Hunde die Möglichkeit bekommen, Adieu zu sagen oder besser nicht? Ich plädiere schon immer, aber auch aufgrund meiner geballten Erfahrungen mit dem Tod, für ein ganz klares Ja! Meine damaligen vier Hunde haben sich von ihrem Menschen verabschiedet, als er starb, und drei meiner Hunde haben sich kurz darauf vom vierten verabschiedet. Und beides war wichtig und richtig. Als mein und ihr Lieblingsmensch gestorben ist, habe ich meine Hunde in der Hektik der Reanimation irgendwo weggesperrt und nachdem die Rettungskräfte unverrichteter Dinge nach Stunden wieder gefahren sind, habe ich sie, noch völlig unter Schock, wieder zu mir geholt, damit sie sich verabschieden können. Und das haben sie getan, auf eine Art, die so berührend war, dass ich die Bilder davon für immer in mir tragen werde. So dement, das zu vergessen, kann ich gar nicht werden. Sie haben sich (zufällig der Größe nach sortiert) in einem halben Meter Abstand von meinem toten Freund aufgestellt und standen da fast eine Minute lang völlig regungslos, nur die tief getragenen Ruten wedelten ganz sanft und würdevoll. So habe ich es zumindest empfunden. Dann haben sie sich umgedreht und sind gegangen – bis auf einen! Meier, der die engste Bindung hatte, hat sich danach zu seinem Freund auf den Boden gelegt und den Kopf auf seinem Bauch abgelegt, wie er das fast jede Nacht auch im Bett gemacht hat. Und da lag er fast fünf Minuten, bevor auch er aufgestanden ist, tief geseufzt und sich geschüttelt hat und dann gegangen ist. Danach war der tote Mensch für die Hunde uninteressant. Ich war so neidisch, weil mir schon damals in dieser Situation klar war, dass es das für sie war. Abgeschlossen, fertig. Sie sind sofort wieder im Hier und Jetzt angekommen. Sie hatten keine Erwartungshaltung, wie sie es sonst stets hatten, wenn einer von uns nicht da war. Sie waren immer auf dem Sprung, haben auf jedes Geräusch reagiert und sind zu Türe gerannt, wenn einer von uns fehlte. Das haben sie kein einziges Mal getan. Ich bin mir sicher, dass sie wussten, dass dieser Mensch nicht wiederkommt, und trotzdem ging das Leben für sie zügig weiter. Offenbar haben sie ein Konzept vom Tod, aber ein ganz anderes als wir es haben. Wie beneidenswert doch dieser Umgang mit dem Tod ist.

Auch das Dönertierchen habe ich damals übrigens wieder mit nach Hause gebracht, sie hat ihren letzten Platz im Garten unter dem Hagebuttenbusch gefunden, der auch zu Lebzeiten ihr Lieblingsplatz war. Und die anderen Hunde, die sie von Beginn an hier begleitet hat, haben sich verabschiedet – jeder auf seine Art: Meier sehr interessiert, Piccolo etwas verstört und Andra, die mit Güneş , dem Dönertier, am dicksten war, hat dafür gebraucht. Sie kam immer wieder und hat an Güneş geschnüffelt und sie abgeschleckt. Als Güneş , nachdem sie für die anderen Hunde noch circa eine Stunde im Garten gelegen hatte, dann begraben wurde, hat Andra erst mal eine Ehrenrunde im Garten gedreht, wie sie es jeden Abend rituell mit Güneş zusammen getan hat. Das hat sie übrigens noch ein paar monatelang jeden Abend getan. Eigentlich war alles wie immer, nur dass da keine Güneş mehr war, die sich auf ihr wildes Rennspiel eingelassen hat. Auch Güneş wurde nicht vermisst, es hat sie keiner gesucht und keiner hat auf sie gewartet. Außer mir ...

Inzwischen liegt Andra neben Güneş im Garten; sie sind wieder vereint. Andra wurde von einer Freundin im Garten eingeschläfert, als es so weit war. Die anderen Hunde waren dabei, was ich auch so wollte. Nicht geplant war allerdings, dass Piranha, der Chihuahua, währenddessen auf meiner Schulter saß (ich hatte Andra auf meinem Schoß) und das Ganze aus direkter Nähe von oben beobachtete. Sie wollte den Garten danach drei Tage lang nicht mehr betreten und ist auf meine Freundin und Kollegin losgegangen, als diese das nächste Mal zu Besuch kam. Ich glaube ja seither, dass Piranha denkt, es muss wieder jemand sterben, wenn diese Freundin kommt und bin mir nicht mehr sicher, ob die anderen Hunde im Moment des Sterbens wirklich anwesend sein müssen. Aber sie haben danach das Recht sich zu verabschieden, den Tod zu begreifen und zu beschnüffeln, um nicht den vermeintlich verschwundenen Artgenossen über Monate zu suchen und auf seine Rückkehr zu warten.

Der Rest hat sich übrigens auch von Andra gebührend verabschiedet und sie danach nicht weiter vermisst.

Aufgrund dieser und vieler anderer Erfahrungen plädiere ich also auf jeden Fall dafür, dass Hunde sich von verstorbenen Artgenossen (und auch verstorbenen Menschen) verabschieden dürfen. Sie können das wesentlich besser als wir!

Ich bin aber auch der festen Überzeugung, dass es ebenso den Menschen helfen würde, den Tod zu enttabuisieren und ihn im allerwahrsten Sinne (also auch mit den Händen) zu begreifen. Früher gab es dafür die Totenwache, inzwischen möchte jeder Gevatter Tod möglichst schnell wieder loswerden. Aber wie will man so etwas Unbegreifliches anders begreifen?

Und danach?

Es ist äußerst sinnvoll, die bestehenden Möglichkeiten nach der Einschläferung (Beerdigung auf eigenem Grundstück, Einäscherung im Tierkrematorium, Tierfriedhof) bereits im Vorfeld zu besprechen, um alles Notwendige in die Wege leiten zu können. Grundsätzlich ist die Bestattung des eigenen Hundes im Garten gestattet, solange das Grundstück nicht im Wasserschutzgebiet gelegen ist, das Tier nicht an einer meldepflichtigen Erkrankung verstorben ist und das Trinkwasser nicht gefährdet ist. Der Tierkörper muss mindestens 50 cm von der Erde bedeckt werden. Ein Grab darf sich nicht in unmittelbarer Nähe zu öffentlichen Plätzen und Wegen befinden und ist auf öffentlichem Grund und Boden wie zum Beispiel in Wäldern verboten. Zum Thema Mensch-Tier-Bestattung sollte man durchaus erfragen, in welcher Stadt und unter welchen Voraussetzungen diese inzwischen offiziell erlaubt ist.

Bereits 1997 entstand das erste Tierkrematorium in München und inzwischen sind es laut Bundesverband der Tierbestatter e.V. ca. 30 bundesweit. Zudem gibt es 120 Tierfriedhöfe in Deutschland. Entsprechend werden auch immer mehr Tiere eingeäschert, was – vor allem wenn man keinen eigenen Garten hat – eine sinnvolle Alternative ist, wenn man das Tier weiterhin in seiner Nähe behalten möchte. Es werden auch eher exotische Möglichkeiten, wie beispielsweise Erinnerungsdiamanten aus der Asche oder Schmuck aus dem Fell des Tieres angeboten.

Da der Umgang von Menschen mit dem Tod und der Trauer sehr individuell ist, muss hier jeder für sich die Möglichkeit finden, mit der er am besten zurechtkommt.

Ein Trauer- und Erinnerungszeichen sind die Hundegedenksteine am Dog Beach Memorial von Del Mar in Kalifornien, eine tolle Idee.

7.2 Und danach? Trauer – Umgang mit der Endlichkeit

Trauer ist keine Krankheit, sondern eine lebenswichtige Reaktion, die zum Leben und zum Abschiednehmen dazu gehört. Trauer, egal ob nach dem Tod eines geliebten Menschen oder eines geliebten Hundes, geht häufig mit Symptomen einher, die auch bei einer Depression typisch sind, wie Niedergeschlagenheit, Antriebslosigkeit, Interessenverlust, Schlafstörungen, Appetitverlust, Freudlosigkeit. Ich selbst habe, nachdem ich mich 2013 innerhalb von zwei Monaten von acht auf vier »verkleinert« habe, weil mir ungefragt ein Mensch und drei Hunde genommen wurden, drei Wochen lang nichts gegessen und kaum geschlafen – und mit zunehmendem Erstaunen auf das Wunder »Körper« geschaut, der das in dieser Ausnahmesituation weitgehend klaglos mitgemacht hat.

Jemand hatte den Schwarz-Weiß-Film eingelegt, die Welt stand still, und ich war jeden Morgen sauer auf die Sonne, die aufging und so tat, als sei alles wie immer. Dabei war nichts wie immer, und es war klar, dass es auch nie mehr so werden würde. Das ist ja das Schreckliche am Tod, dass er unumkehrbar ist, eine Endgültigkeit hat, die gar nicht zu begreifen ist. Und dennoch muss man sie begreifen und akzeptieren, sich damit auseinandersetzen, um wieder ins Leben zurückzufinden.

Wikipedia beschreibt Trauer als ein Gefühl der Niedergeschlagenheit, einer emotionalen Taubheit oder Erstarrung oder des Hervorbrechens heftiger Emotionen wie Schmerz, Panik, Traurigkeit, Wut, Schuldgefühlen, als einen Mangel an Lebensfreude (kurzzeitig oder länger andauernd) oder einen seelischen Rückzug. Dennoch ist es auch für mich, die ausgiebig getrauert hat, schwierig, den Zustand der Trauer in Worte zu fassen. Trauer ist die vermutlich schrecklichste Form von Liebeskummer.

Es finden sich viele Parallelen zwischen Trauer und Depression, wenn auch Trauer keine Krankheit und im Gegensatz zur Depression begründet ist. Die Unterscheidung ist aber für den Umgang damit wichtig, zumal natürlich aus einer »normalen Trauer« auch eine Depression erwachsen kann. Sollten Sie also das Gefühl haben, aus der Trauer nicht mehr herauszufinden, zögern Sie nicht sich Hilfe zu suchen. Wichtige Unterschiede im Erleben und Verhalten von Betroffenen können als Unterscheidungsmerkmale zwischen Depression und Trauer herangezogen werden:

Emotionale Schwingungsfähigkeit oder emotionale Erstarrung:

Beide Zustände, sowohl Trauer als auch Depression, sind mit seelischem Leid verbunden, allerdings gibt es Unterschiede bezüglich der Qualität und der Dauer der negativen Stimmungslage. Trauernde berichten oft, dass der Kummer in Wellen verläuft, aber auch wieder abebbt. Und bei aller Verzweiflung bleibt meistens die Fähigkeit erhalten, positive Momente wahrzunehmen und in bestimmten Aktivitäten Trost zu finden. So absurd es klingen mag (und sich damals anfühlte!), ich selbst habe bereits am Tag nachdem das Unbegreifliche geschah, das erste Mal wieder gelacht (natürlich über die Hunde!) – der Humor fand parallel zur Trauer statt. Und Humor ist ein weiterer wichtiger Resilienzfaktor. Bei einer Depression hingegen findet sich eine dauerhafte negative Grundstimmung und ein »Gefühl der Gefühllosigkeit«.

Intensives Denken oder pessimistisches Grübeln:

Natürlich drehen sich nach einem Trauerfall die Gedanken häufig um den Verstorbenen und kreisen immer wieder um die Todesumstände und den Verstorbenen. Auch gehören sich aufdrängende Erinnerungen an den Verstorbenen und sorgenvolle Gedanken um die Zukunft ohne ihn ebenso wie Konzentrationsschwierigkeiten und sprunghaftes Denken zum normalen Trauerprozess. Bei einer Depression gibt es ebenfalls Grübeln und kreisende Gedanken, allerdings drehen sie sich meist negativ, pessimistisch und abwertend um die eigene Person, die eigenen Gefühle und ausweglos erscheinende Probleme sowie deren Ursachen.

Regulierungsfähigkeit oder Ausgeliefertsein:

In der Trauer gibt es sowohl eine bejahende Hingabe an den Schmerz als auch die Vermeidung als aktives Bewältigungsverhalten, um sich »Pausen vom Schmerz« zu nehmen und den Alltag zu bewerkstelligen. Trauernde

Abschiedslicht für einen verstorbenen Hund.

Wenn diese Kerze brennt,
nehmen wir gerade ABSCHIED
von einem guten Freund.
Wir bitten Sie deshalb
um RUHE und GEDULD.
Danke.

sind also zumindest teilweise in der Lage, die eigenen Emotionen regulieren zu können, also je nach Situation zwischen aktivem Zulassen und bewusstem Vermeiden von schmerzhaften Gefühlen zu pendeln. Das gilt als wesentliches Merkmal »normaler Trauer«. Anders in einer Depression. Hier fühlen sich Betroffene der negativen Stimmung weitgehend ausgeliefert, eigene Regulierungsversuche scheitern.

Intaktes Selbstwertgefühl oder Selbstabwertung:

Ein weiterer, wesentlicher Unterschied zwischen Trauer und Depression betrifft das Selbstwertgefühl der Betroffenen: Hinterbliebene erleben sich zwar in ihrer Identität erschüttert – und auch einen geliebten Hund zu verlieren, der jahrelang an unserer Seite war, kann einem ein Stück der eigenen Identität rauben – doch ist ihr Selbstwertgefühl nicht in dem Ausmaß beschädigt, wie dies bei einem an Depression erkrankten Menschen typisch ist.

Sigmund Freud fasste das treffend in einem Satz zusammen: »Bei der Trauer ist die Welt arm und leer geworden, bei der Melancholie ist es das Ich selbst.« Das klingt alles nicht besonders toll? Stimmt. Trauer ist grausam, sie nimmt uns die Luft zum Atmen, sie lähmt uns, und sie ist immer anders, weil jeder Mensch anders mit Trauer umgeht und jede Beziehung zum Verstorbenen anders war. Trauer dient der Verarbeitung des Geschehenen und braucht Zeit. Und Trauer ist notwendig, um zu verarbeiten. Aber irgendwann, selbst wenn uns das im Moment tiefster Trauer unvorstellbar erscheint, sind die Schmerzen nicht mehr akut, sondern werden chronisch und die Welt wird langsam wieder bunt.

Ich denke, *den* Tipp für die richtige Trauerbewältigung gibt es nicht. Bei einem Hundesenior bleibt wenigstens der Trost eines langen und hoffentlich glücklichen und gesunden Hundelebens, und wenn ein alter Hund stirbt, ist das der Lauf der Dinge.

Dennoch kann das den Trennungsschmerz oft nicht lindern, denn umso länger die Zeit war, die man gemeinsam verbracht hat, desto mehr schmerzt der Verlust. Gerade unsere Hunde, die uns oft seit vielen Jahren auf Schritt und Tritt begleiten, hinterlassen große Lücken in unseren Betten, in unseren Leben und in unseren Herzen.

Aber in unseren Herzen bleiben sie für immer! Und das ist sicherlich der beste Platz für ein verstorbenes, geliebtes Haustier. Okay, für einen Beagle sind es vielleicht auch die ewigen Jagdgründe ...

Mein Herz ist inzwischen übrigens mehrfach bewohnt, nur um nicht zu sagen, ich bekomme langsam ein Platzproblem. Sollte ich jemals zum Kardiologen müssen, wird er sich über all die komischen Anbauten wundern. Es kann helfen, sich voll und ganz kopfüber in die Trauer zu stürzen und durch den tiefen Schmerz zu gehen, die Trauer mit Freunden zu teilen, aber ebenso sich abzulenken und schöne Dinge zu tun. Manchen Hundehaltern hilft es, sich schnell wieder nach einem neuen Vierbeiner umzuschauen, wohingegen das für andere unvorstellbar ist. Ein Patentrezept gibt es leider auch hier nicht. Wenn Sie sich für einen neuen Hund entscheiden, bleiben Sie fair und fangen Sie nicht an, den Welpen mit seinem verstorbenen Vorgänger zu vergleichen. Er soll keine Lücke schließen, und das kann er auch gar nicht. Und – als kleine Erinnerungsstütze – auch der Oldie war mal jung, unerzogen, pubertierend

Auch Hunde können trauern und haben das Recht, sich von Familienmitgliedern zu verabschieden.

und Schuhe zerstörend. Eine Tatsache, die viele Halter mit den Jahren vergessen und die oft zur Aussage führt, dass »der Alte ja viel unkomplizierter gewesen sei«.

Kurzum: Wer sich auf einen Hund als Haustier einlässt und sich gegen Wal, Papagei, Elefant oder Schildkröte entscheidet, muss einen Weg finden mit dem Verlust umzugehen. Aus eigener Erfahrung kann ich sagen, auch wenn es manchmal dauert, beginnt sich die Welt irgendwann langsam wieder zu drehen, wird wieder bunt, und die Sonne darf wieder ungestraft aufgehen.

Trauern Hunde?

Schon die menschliche Trauer ist schwer in Worte zu fassen, weil sie eben sehr individuell ist und jeder anders trauert. Aber was ist mit unseren Hunden? Trauern sie auch, wenn sie einen Hund oder einen Menschen aus ihrer Familie verlieren? Es ist zu vermuten, dass sie die Emotionen, die mit der Trauer einhergehen, kennen. Und immer wieder werde ich auch in der Beratung gefragt, wie man mit trauernden Hunden am besten umgeht, mit Hunden, die vorübergehend ihre Lebensfreude verlieren und nicht mehr fressen wollen.

Eines der bekanntesten Beispiele eines trauernden Hundes ist sicherlich der Akitarüde Hachiko, der seinen Menschen, einen Universitätsprofessor, jeden Tag zur selben Zeit am Bahnhof abholte. Eines Tages jedoch wartete Hachiko vergebens – der Professor kam nicht mehr nach Hause. Dennoch kehrte der Hund weiterhin Tag für Tag zum Bahnhof zurück, bis er Jahre später selber starb. Aber es gibt auch andere Berichte, die die Trauer von Hunden um

Artgenossen beschreiben, so zum Beispiel ein Artikel von Barbara J. King, emeritierte Professorin für Anthropologie, in der Mai-2017-Ausgabe von *Scientific American* (King 2016), in dem sie beschreibt, wie Hunde nach dem Tod eines Geschwisterwelpen Verhaltensänderungen wie den sozialen Rückzug, schlechte Wasser- oder Nahrungsaufnahme oder auch Suchverhalten zeigten.

Sicherlich haben Hunde nicht unser Konzept vom Tod – wie auch, wenn nicht einmal wir den Tod wirklich verstehen können? Bekoff schrieb, dass Hunde zwar nicht wissen, dass ein Hund aus ihrem Leben gestorben ist, aber dass sie durchaus wissen, dass ein zur Gruppe gehörendes Individuum fehlt. Aber natürlich trauert nicht jeder Hund, der einen Artgenossen verloren hat. Das ist – wie bei uns Menschen – von der Beziehung zum Verstorbenen abhängig. Welches Verhältnis hatten die beiden? War es eine »echte Mehrhundehaltung« oder nur die »Haltung mehrerer Hunde«? Wenn die Hunde ohne große Interaktion nur koexistierten, also nur nebeneinanderher lebten, kann der zurückbleibende Hund auch geradezu aufblühen und über die nun vermehrte Aufmerksamkeit Halters ihm gegenüber glücklich sein. Das habe ich gerade erst im Bekanntenkreis erlebt. War die Beziehung hingegen eng, kann es auch bei Hunden zu deutlichen Anzeichen von Trauer kommen.

Aber woran erkennt man nun, dass der Hund trauert? Die Zeichen einer Trauer ähneln auch beim Hund denen einer Depression und auch beim Hund kann Trauer mit folgenden Symptomen einhergehen:

- Rückzug von Menschen und anderen Haustieren
- Appetitlosigkeit
- Lethargisches Verhalten und mehr Schlaf als üblich
- Ungewöhnlich aggressives oder destruktives Verhalten
- Plötzliche Stubenunreinheit
- Ungewöhnliches Rufen oder Vokalisieren
- Suche nach dem Artgenossen innerhalb der Wohnung und an anderen Orten, die gemeinsam besucht wurden
- Große Anhänglichkeit dem Halter gegenüber
- Plötzliche Probleme, alleine zu bleiben

All das ist natürlich kein Fehlverhalten des Hundes, und Sie sollten Verständnis für ihn und seine Trauer aufbringen Versuchen Sie den Hund aufzufangen. Ihm geht es unter Umständen gerade ganz ähnlich wie Ihnen.

Die Rolle des Menschen

Außer Frage steht, dass sich nach dem Verlust eines geliebten Haustiers auch das Verhalten des Menschen ändert. Wie fein und sensibel Hunde auf unsere Stimmungen reagieren, sie auffangen und spiegeln, dürfte jedem Hundehalter bekannt sein. Sie nehmen immer und ständig unsere Mimik, Gerüche und auch die Körperhaltung wahr und reagieren darauf.

Studien zeigen, dass gestresste Menschen auch gestresste Hunde haben, konkret messbar am Cortisolspiegel gestresster Menschen und ihrer Hunde. Warum sollte das in Phasen der Trauer anders sein? Hunde sind schon sehr lange genetisch darauf eingestellt, sich eng an ihren Menschen zu binden – eine Eigenschaft, die wir sehr an ihnen schätzen, die uns aber in solchen Lebensphasen auch zusätzlich Probleme bereiten kann. Und tatsächlich stellt sich immer wieder heraus, dass vermeintlich trauernde Hunde ausschließlich auf die Trauer ihres Menschen reagieren. Umso wichtiger ist es, dass wir uns zusammenreißen und unserem verbliebenen Hund eine Stütze sind.

Wie lange kann Trauer bei Hunden andauern?

Eine in der November-Ausgabe 2016 von *Animals* veröffentlichte Studie von Jessica K. Walker ergab, dass das Trauerverhalten von Hunden – und auch die Dauer – von Hund zu Hund variieren kann, wie bei uns Menschen auch (Walker *et al.* 2016). Eine Rolle spielen zum Beispiel das Alter und die Gesundheit des Hundes, die Beziehung zum anderen Hund und eben der Trauerprozess der im selben Haushalt lebenden Menschen. In der Regel normalisiert sich das Verhalten aber innerhalb von zwei bis sechs Monaten wieder.

Was tun?

Trauer hat, wie gesagt, ihre Daseinsberechtigung. Es wäre ja schlimm, wenn der Verlust eines geliebten Menschen oder Tieres spurlos an uns vorüberziehen würde! Jede Träne, die wir für einen verlorenen Menschen oder ein verlorenes Tier verlieren, ist es wert, geweint zu werden. Es ist also erst mal wichtig, die Traurigkeit zuzulassen und ihr Raum und Zeit zu geben. Und auch ein trauernder Hund braucht oft einfach nur ein bisschen Zeit, um mit den neuen Lebensumständen zurechtzukommen.

Dennoch hilft oft Ablenkung – für Hund und Mensch! Muntern Sie Ihren Hund auf, gehen Sie extra lange mit ihm raus, und lassen Sie engen Körperkontakt zu, wenn der Hund das möchte und braucht. Manchmal kann es auch hilfreich sein, sich einen neuen Hund ins Haus zu holen. Dieser hat natürlich keinesfalls die Aufgabe, den verlorenen Vierbeiner zu ersetzen, kann aber unter Umständen helfen, den verbliebenen Hund (und den Menschen) aus seiner Trauer zu holen. Sollte der Hund aber das Fressen einstellen oder auffällig lethargisch werden, sollte natürlich unbedingt abgeklärt werden, ob er zusätzlich ein rein medizinisches Problem hat – Sie erinnern sich daran, dass auch ein Hund Läuse und Flöhe gleichzeitig haben kann ...

Und nun, am Ende eines hoffentlich langen Hundelebens und dieses Buches, bleibt uns nur, Ihnen noch eine lange, möglichst gute Zeit mit Ihrem Hundesenior zu wünschen.

Bereiten Sie sich trotzdem auf das Abschiednehmen, den letzten Gang und den Tod vor, denn man muss seine Feinde kennen, um sie besiegen zu können. Und auch die zeitige Auseinandersetzung mit dem Abschied gehört schon zu einer präventiven Trauerbewältigung.

Und irgendwann wird die Dankbarkeit für das, was war, die Trauer über das, was nun nicht mehr ist, verdrängen und wir werden voller Freude und Wärme an die fantastischen und hoffentlich langen Jahre zurückdenken, die uns dieser Hund, der nun nicht mehr da ist, geschenkt hat.

Denn genau das sind Hunde: wertvolle Geschenke, die unser Leben bereichern. Und so sitze ich hier, schaue wie gehabt nach rechts und links, fühle mich reich beschenkt und freue mich, dass Pickel und Meier immer noch an meiner Seite sind. Und dabei denke still und heimlich »Aber mit 18 zieht ihr aus, dann ist Schluss mit Hotel Mama!«

»Der auf Dauer beste Platz für sie ist der Platz in unseren Herzen.«

Sophie Strodtbeck

DANKSAGUNG

Ganz herzlich möchten wir uns bei allen bedanken, die zur Entstehung dieses Buches beigetragen haben.

Ein großes Dankeschön geht an Ralph Rückert, der trotz akuter anderer Krisengebiete die Zeit gefunden hat, das Buch zu lesen und ein Vorwort zu schreiben, der mir stets mit kollegialem und freund(!)-lichem Rat zu Seite steht sowie für die Bestandsbetreuung der in Teilen geriatrischen Strodtbeck-Meute zuständig ist. Mein Dank geht in diesem Zusammenhang auch an viele Kolleg:innen, die – ganz ungrantig – an Meiers letzter OP beteiligt waren. Ihr wisst schon ...

Und nochmal die Kolleg:innen: danke für die Zurverfügungstellung der medizinischen Fotos. Apropos Fotos: Herzlichen Dank an alle, die mir mit ihren zauberhaften alten Hundemodels für die Fotos zur Verfügung standen – Eure alten und rührenden Hunde hinterlassen nicht nur in diesem Buch, sondern auch in meinem Herzen Spuren. Ich wünsche Euch allen noch eine lange und gute Zeit voller lebens- und liebenswerter Momente zusammen!

Danke auch an Dorle Schmidt von *Studio komplementär* für das schöne Abschiedslicht. Natürlich gilt mein Dank an dieser Stelle, wie stets, auch meinem Koautor Bernd Schröder und seiner Frau Heike für die wie gewohnt gute Zusammenarbeit sowie das gegenseitige Motivieren und an Claudia König vom Verlag Müller Rüschlikon für ihre guten Nerven! Irgendwie klappt es am Ende ja doch immer...

Nicht vergessen möchte ich an dieser Stelle meine Hunde, die mit ihren Geschichten und ihren Persönlichkeiten nicht nur dieses Buch, sondern auch meine Tage mit Leben füllen. Mögen sie das alle noch ganz lange tun!

Dem kann ich nur zustimmen und deshalb gibt es von mir nicht viel hinzuzufügen, ohne etwas wiederholen zu müssen. Ich danke besonders meiner Frau Dr. Heike Schröder, Tierärztin mit Schwerpunkt Tierverhaltenstherapie, für den fachlichen und kritischen Dialog, wie schon beim ersten gemeinsamen Buch von Sophie und mir »Ernährung & Verhalten beim Hund«. Es war eine aufregende und motivierende Zeit des Schreibens!

Ich bedanke mich außerdem bei Catharina Cordes für die Überlassung einiger wundervoller Bilder von unseren oder ihren eigenen Hunden.

Zu guter Letzt möchte ich Vanessa Engelstädter (Mensch-Hund-Training) herzlich für ihre Unterstützung beim Resilienz-Thema danken!

»Das Leben von Hunden ist zu kurz. Das ist eigentlich ihr einziger Fehler.«

Agnes Turnbull

LITERATURVERZEICHNIS

Adams, V.J., Evans, K.M., Sampson, J. & Wood, J.L.N. 2010. Methods and mortality results of a health survey of purebred dogs in the UK. *The Journal of Small Animal Practice* **51**, 512–524.

Alexander, J.E., Colyer, A., Haydock, R.M., Hayek, M.G. & Park, J. 2018. Understanding How Dogs Age: Longitudinal Analysis of Markers of Inflammation, Immune Function, and Oxidative Stress. *The Journals of Gerontology. Series A, Biological Sciences and Medical Sciences* **73**, 720–728.

Azkona, G., García-Belenguer, S., Chacón, G., Rosado, B., León, M. & Palacio, J. 2009. Prevalence and risk factors of behavioural changes associated with age-related cognitive impairment in geriatric dogs. *The Journal of Small Animal Practice* **50**, 87–91.

Chapagain, D., Range, F., Huber, L. & Virányi, Z. 2018. Cognitive Aging in Dogs. *Gerontology* **64**, 165–171.

Corsetti, S., Borruso, S., Di Traglia, M., Lai, O., Alfieri, L., Villavecchia, A., Cariola, G., Spaziani, A. & Natoli, E. 2018. Bold personality makes domestic dogs entering a shelter less vulnerable to diseases. *PloS one* **13**, e0193794.

Creevy, K.E., Grady, J., Little, S.E., Moore, G.E., Strickler, B.G., Thompson, S. & Webb, J.A. 2019. 2019 AAHA Canine Life Stage Guidelines. *Journal of the American Animal Hospital Association* **55**, 267–290.

Dodman, N.H., Seeler, D.C. & Court, M.H. 1984. Aging changes in the geriatric dog and their impact on anesthesia. *The Compendium of Continued Education for the Practicing Veterinarian.* **6**, 1106–1113.

Farage, M.A., Miller, K.W., Elsner, P. & Maibach, H.I. 2008. Functional and physiological characteristics of the aging skin. *Aging Clinical and Experimental Research* **20**, 195–200.

Feder, A., Nestler, E.J. & Charney, D.S. 2009. Psychobiology and molecular genetics of resilience. *Nature Reviews Neuroscience* **10**, 446–457.

Harvey, N.D. 2021. How Old Is My Dog? Identification of Rational Age Groupings in Pet Dogs Based Upon Normative Age-Linked Processes. *Frontiers in Veterinary Science* **8**, 643085.

King, B.J. 2016. Animal mourning: Précis of How animals grieve (King 2013). *Animal Sentience* **1**.

Larsen, J.A. & Farcas, A. 2014. Nutrition of aging dogs. *The Veterinary Clinics of North America. Small Animal Practice* **44**, 741-59, vi.

Liu, H., Zhang, C., Ji, Y. & Yang, L. 2018. Biological and Psychological Perspectives of Resilience: Is it possible to improve stress resistance? *Frontiers in Human Neuroscience* **12**, 326.

López-Otín, C., Blasco, M.A., Partridge, L., Serrano, M. & Kroemer, G. 2013. The hallmarks of aging. *Cell* **153**, 1194–1217.

Mehl, R. 2021. Die Psyche des Hundes. Wie Prozesse im Gehirn das Verhalten steuern. *Kosmos*, Stuttgart.

Neilson, J.C., Hart, B.L., Cliff, K.D. & Ruehl, W.W. 2001. Prevalence of behavioral changes associated with age-related cognitive impairment in dogs. *Journal of the American Veterinary Medical Association* **218**, 1787–1791.

O'Neill, D.G., Church, D.B., McGreevy, P.D., Thomson, P.C. & Brodbelt, D.C. 2013. Longevity and mortality of owned dogs in England. *Veterinary Journal (London, England: 1997)* **198**, 638–643.

Osella, M.C., Re, G., Odore, R., Girardi, C., Badino, P., Barbero, R. & Bergamasco, L. 2007. Canine cognitive dysfunction syndrome: Prevalence, clinical signs and treatment with a neuroprotective nutraceutical. *Applied Animal Behaviour Science* **105**, 297–310. https://www.sciencedirect.com/science/article/pii/S0168159106003765.

Pitt, J.N. & Kaeberlein, M. 2015. Why is aging conserved and what can we do about it? *PLoS Biology* **13**, e1002131.

Reichling, J., Frater-Schröder, M., Herzog, K., Bucher, S. & Saller, R. 2006. Reduction of behavioural disturbances in elderly dogs supplemented with a standardised Ginkgo leaf extract. Schweizer Archiv für Tierheilkunde **148**, 257-263.

Roudebush, P., Polzin, D.J., Adams, L.G., Towell, T.L. & Forrester, S.D. 2010. An evidence-based review of therapies for canine chronic kidney disease. *The Journal of Small Animal Practice* **51**, 244–252.

Russo, S.J., Murrough, J.W., Han, M.-H., Charney, D.S. & Nestler, E.J. 2012. Neurobiology of resilience. *Nature Neuroscience* **15**, 1475–1484.

Salt, C., Morris, P.J., Wilson, D., Lund, E.M. & German, A.J. 2019. Association between life span and body condition in neutered client-owned dogs. *Journal of Veterinary Internal Medicine* **33**, 89–99.

Schäffner, J. 2018. Grundlagen der Therapie der chronischen Niereninsuffizienz bei Hund und Katze. *Kleintier Konkret* **21**, 12–19.

Selman, C., Nussey, D.H. & Monaghan, P. 2013. Ageing: it's a dog's life. *Current Biology: CB* **23**, R451-3.

Starling, M.J., Branson, N., Cody, D., Starling, T.R. & McGreevy, P.D. 2014. Canine sense and sensibility: tipping points and response latency variability as an optimism index in a canine judgement bias assessment. *PloS one* **9**, e107794.

Tiira, K. 2019. Resilience In Dogs? Lessons From Other Species. *Veterinary Medicine (Auckland, N.Z.)* **10**, 159–168.

Timmermans, J., van Goethem, B., Rooster, H. de & Paepe, D. 2019. Medical treatment of urinary incontinence in the bitch. *Vlaams Diergeneeskundig Tijdschrift* **88**, 3–8. https://vdt.ugent.be/?q=88-1.

Urfer, S.R., Kaeberlein, M., Promislow, D.E.L. & Creevy, K.E. 2020. Lifespan of companion dogs seen in three independent primary care veterinary clinics in the United States. *Canine Genetics and Epidemiology* **7**, 7.

Walker, J.K., Waran, N.K. & Phillips, C.J.C. 2016. Owners' perceptions of their animal's behavioural response to the loss of an animal companion. *Animals: An Open Access Journal from MDPI* **6**, 68.

Wang, T., Ma, J., Hogan, A.N., Fong, S., Licon, K., Tsui, B., Kreisberg, J.F., Adams, P.D., Carvunis, A.-R., Bannasch, D.L., Ostrander, E.A. & Ideker, T. 2020. Quantitative Translation of Dog-to-Human Aging by Conserved Remodeling of the DNA Methylome. *Cell Systems* **11**, 176-185.e6.

Zentek, J. 2016. *Ernährung des Hundes. Grundlagen – Fütterung – Diätetik*. Enke Verlag, Stuttgart.

STICHWORTVERZEICHNIS